中国青少年百科全书

彩图版

黄 炜◎主编

浩瀚海洋百科

U0743472

天津出版传媒集团

天津科学技术出版社

海洋与人类的命运息息相关,它是生命的摇篮,孕育了无数的生灵。海洋广阔而神秘,蕴藏着许多的秘密。海洋生物种类庞大、海洋资源丰富,海洋具有强大的调节气候的能力,海洋对人类的未来有巨大的影响,这些都是现代人类研究海洋的主要目的。

在海洋里,有着最古老的生命,有着最绚丽的色彩,有着最神秘的现象,也有着最有趣的故事。海洋是庞大的,也是脆弱的,它很容易受到不合理的人类活动的破坏。要利用海洋,就要先认识海洋,只有尽可能将海洋认识清楚,才可以科学地利用海洋资源,同时也不至于破坏海洋,使人类可以与海洋和谐相处,也使海洋能够长久不断地为我们提供生活必需品。

为了给孩子们打下一个科学认识海洋的基础,我们编写了这本知识全面、浅显易懂的《海洋百科》。本书共分四大部分,分别从地理、气候、生物和人与海洋方面讲述了目前人类对海洋的科学认识,我们真诚希望这本书能够帮助小读者们对海洋有一个全新的认识。

目 录
CONTENTS

地球上的海和洋

海洋地理

在我们居住的地球上，有大陆和海洋。海洋占了地球表面的 71%，约相当于陆地面积的 2.5 倍。所以，宇航员在太空中看到的地球，是一个蓝色的"水球"，而我们人类居住的广袤大陆，实际上不过是点缀在一片汪洋中的几个"岛屿"而已。

彼此沟通——海和洋的区分

广阔的海洋,从蔚蓝到碧绿,美丽而又壮观。我们常说的海洋只是人们长久以来习惯性的称谓。严格地讲,海与洋其实是两个不同的概念。海洋是一个统称,它的主体是海水,包括海内生物、邻近海面的大气、围绕海洋边缘的海岸以及海底等几部分。洋,是海洋的中心部分,是海洋的主体;海是洋的边缘部分,与陆地相连。洋和海彼此沟通,组成统一的世界海洋,又称世界大洋。

不同的划分

关于世界海洋的划分,各国不完全一致,我国一般分为四大洋:太平洋、大西洋、印度洋和北冰洋。有的分为五大洋,除了上述的四大洋之外,还有南大洋;有的分为三大洋:大西洋、太平洋、印度洋。太平洋是世界上面积最大的洋,其余依次为大西洋、印度洋,这三大洋的面积共占全世界海洋面积的88.2%。北冰洋的面积最小。其实,洋与洋之间的任何界限都是相对的,地球上只存在一个统一的海洋。

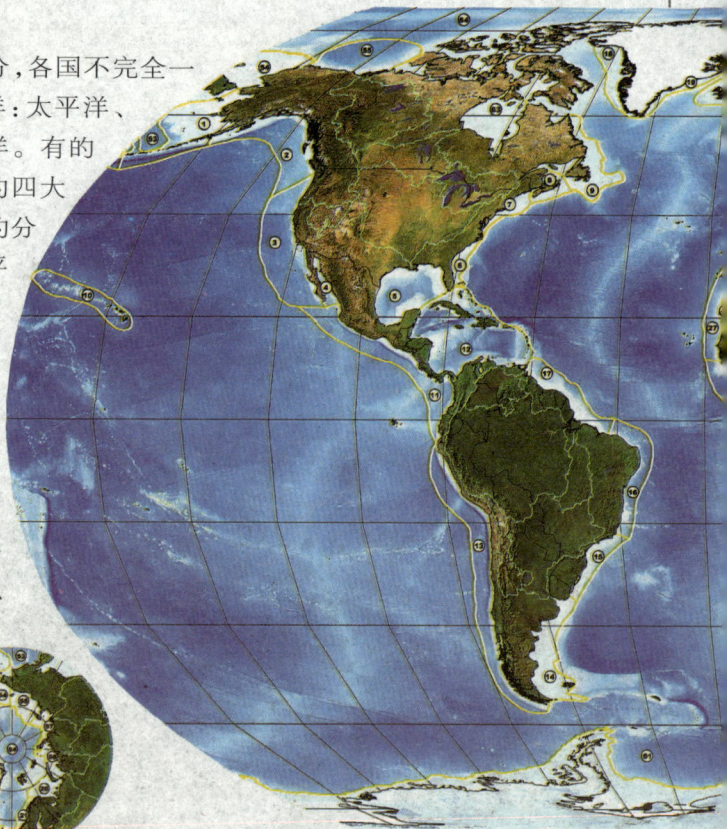

①东白令海
②阿拉斯加海湾
③加利福尼亚海
④加利福尼亚海湾
⑤墨西哥海湾
⑥美国东南部海岸
⑦美国东北部海岸
⑧新斯科舍
⑨纽芬兰岛
⑩夏威夷群岛
⑪太平洋中美洲海岸
⑫加勒比海
⑬惠灵顿岛
⑭火地岛
⑮布兰卡湾
⑯阿拉卡加
⑰乔治敦
⑱西格陵兰海
⑲东格陵兰海
⑳巴伦支海
㉑挪威海
㉒北海
㉓波罗的海
㉔比斯开湾
㉕伊比利亚半岛
㉖地中海
㉗加那里群岛
㉘几内亚湾
㉙本格拉
㉚莫桑比克海峡
㉛索马里海
㉜阿拉伯海
㉝红海
㉞孟加拉湾
㉟泰国海湾
㊱中国南海
㊲苏拉威西海
㊳班达海
㊴卡奔塔利亚湾
㊵大堡礁

海洋分割陆地

　　地球上的海洋是相互连通的,构成统一的世界大洋;而陆地是相互分离的,因此没有统一的世界大陆。在地球表面,是海洋包围、分割所有的陆地,而不是陆地分割海洋。

　　海洋在地球表面分布是不均匀的,以赤道附近为标准,可以将地球分成南、北两个半球,南半球海洋面积大,北半球海洋面积小,因此,南半球被称做水半球,北半球被称做陆半球。

陆地

从北极俯视北半球

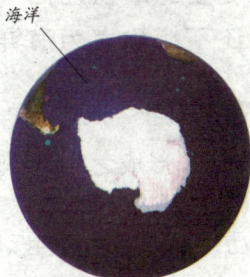

海洋

从南极俯视南半球

海、陆分布

　　从"南、北半球海陆分布图"上可以看出,海、陆分布有两个特点。

　　1. 随纬度分布的不均性。除了北纬 45°～70°以及南纬 70°的南极地区,陆地面积大于海洋面积之外,在其余大多数纬度上的海洋面积都大于陆地,而在南纬 56°～65°,几乎没有陆地,完全被海水所环绕。

　　2. 海、陆分布的对称性。比如,南极是陆,北极是海;北半球高纬度地区是大陆集中的地方,而南半球的高纬度区却是三大洋连成一片。

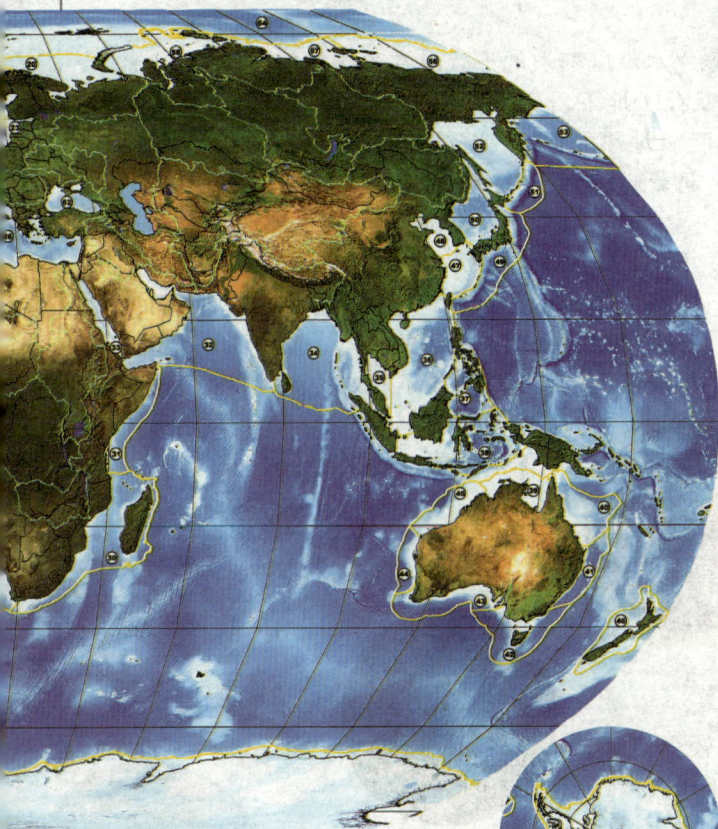

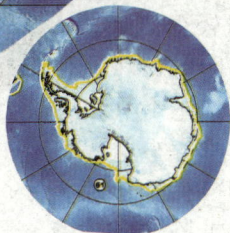

①塔斯曼海　　㊽琉球群岛　　㊽拉普帖夫海
②巴斯海峡　　㊾日本海　　　㊾喀拉海
③澳大利亚湾　㉑千岛群岛　　㊾冰岛
④沙克湾　　　㉒鄂霍次克海　㉑法罗群岛
⑤帝汶海　　　㉓西白令海　　㉒罗斯海
⑥新西兰岛　　㉔楚克其海　　㉓黑海
⑦中国东海　　㉕波得特海　　㉔哈得孙湾
⑧黄海　　　　㉖东西伯利亚海　㉕北冰洋

海水从哪里来——海和洋的形成

有人形容地球是"浸在水中的星球"。的确，在人类目前发现的行星里，只有地球才有如此浩瀚的水，因此地球也被称为"蓝色的行星"。可是在46亿年前，地球刚刚形成的时候，它如同一个大火球，温度非常高，剧烈的地壳变化引发了大地震和火山喷发。在地球诞生的最初几亿年里，地球上的水很少，只有空中潮湿的蒸汽，那时还不能称之为海洋，甚至连湖都算不上。

原始的海洋

在地球形成之初，地球之水就以蒸汽的形式存在于炽热的地心中，或者以结构水、结晶水等形式赋存于地下岩石中。由于地球形成早期常会有岩浆活动或火山活动发生，随着地热的增高，地球内部的水蒸气及其他气体越聚越多，终于胀破坚实的地壳喷了出来。后来随着地表温度逐渐下降，大气中的水分由于冷却不均，空气对流加剧，喷到空中的大量水蒸气立即结成浓云，化作倾盆大雨落到地面上，而雨一直下了很久很久。滔滔的洪水，通过千川万壑汇集成巨大的水体，形成了原始的海洋，然后再经地质历史上的沧桑巨变，原始海洋逐渐演变成今天的海洋。

太阳的形成

地核开始形成

正在形成中的地球

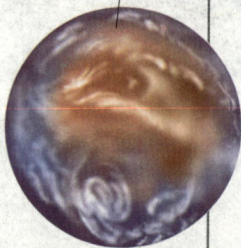

空中生成大气

远古的海与现代的海

原始海洋中的海水量较少，据估计，约为目前海水量的1/10，在几十亿年的地质运动过程中，水不断地从地球内部溢出来，使地表水量不断增加。现在地球上的海水总量是地球诞生以来，经过几十亿年的逐渐积累而形成的。

地球上水的来历

大诗人李白就曾写到"君不见黄河之水天上来,奔流到海不复回"的佳句。那地球上的水真的是从天上来的吗?关于地球上水的来历,科学界目前还存在着不同的看法:

1.水是由地球内部释放出来的初生水转化而来的,地球从原始太阳星云中凝聚出来时,便携带着这部分水。

2.水是太阳风的杰作,地球吸收太阳风中的氢并与氧结合,就可产生水。

3.水是来自外太空闯入地球的冰彗星雨带来的。

生命产生的必要条件

原始海水略带酸性,又缺氧,水分不断蒸发,反复地成云致雨,重回地面的水把陆地和海底岩石中的盐分溶解,不断地汇集于海水中。经过亿万年的积累融合,才变成了大体均匀的咸水。同时,没有臭氧层的保护,紫外线可以直达地面,依靠海水的保护,

原始的地球

生物首先在海洋里诞生。大约38亿年前,即在海洋里产生了有机物,先有低等的单细胞生物。在6亿年前的古生代,有了海藻类,在阳光下进行光合作用,产生了氧气,然后形成了臭氧层。此时,生物才开始登上陆地。从此,地球开始了生命的进程,逐渐出现形形色色的植物和动物,世界开始变得丰富起来。

在地球诞生之初的数亿年里,由于地壳较薄,再加上小天体的不断撞击,造成地球内部的熔岩不断流出,地震、火山喷发现象随处可见。

陆地逐渐形成

今天的地球

漂浮的陆地——大陆漂移说

早在 1620 年，英国哲学家培根就注意到南美洲东海岸与非洲西海岸轮廓彼此吻合的现象，并提出了西半球（南、北美洲）与欧洲、非洲曾经连接的可能性。到了 1912 年，德国科学家魏格纳根据大洋岸弯曲形状的某些相似性，提出了大陆漂移的假说，但魏格纳的理论在当时被看成是荒谬的学说。直到 1960 年他的"大陆漂移说"才最终被公认。

犬颌兽
亚洲
印度
水龙兽
南美洲
澳大利亚
南极洲
恐龙
蕨类植物

科学家在不同大陆上发现了极为相似的古生物化石，从而也证实大陆曾经是连在一起的。

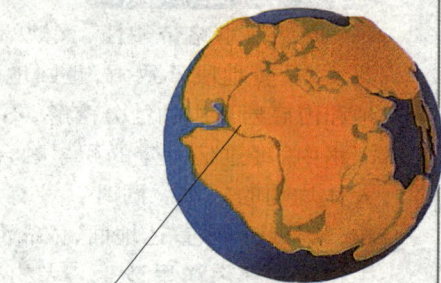

3亿年前，地球上的陆地形成一个巨大的板块，称为"泛古陆"，在泛古陆周围则是统一的泛大洋。

海底扩张

大陆的漂移由扩张的海底也能得到证实。纵贯大洋底部的洋中脊，是形成新洋底的地方；地幔物质上升涌出，冷凝形成新的洋底，并推动先形成的洋底向两侧对称地扩张；海底与大陆结合部的海沟，是洋底灭亡的场所。当洋底扩展移至大陆边缘的海沟处时，向下俯冲潜没在大陆地壳之下，使之重新返回到地幔中去。

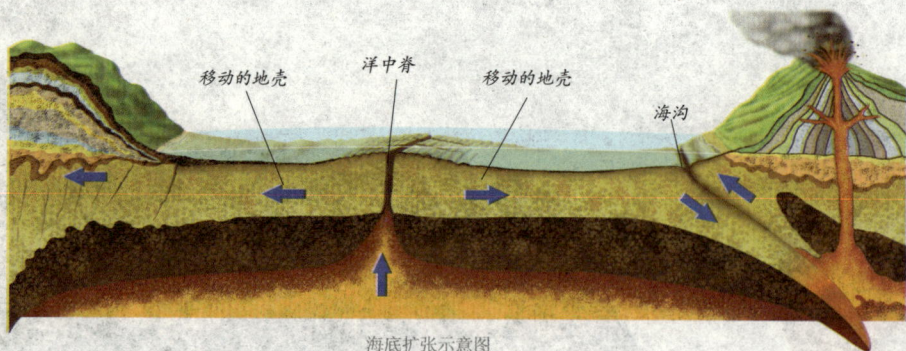

移动的地壳　洋中脊　移动的地壳　海沟

海底扩张示意图

板块构造学说

板块构造学说是 1968 年法国地质学家勒皮雄与麦肯齐、摩根等人提出的一种新的大陆漂移说，它是海底扩张说的具体引申。新全球构造理论认为，大陆壳或大洋壳都曾发生并还在继续发生大规模水平运动，但这种水平运动并不像大陆漂移说所设想的发生在硅铝层和硅镁层之间，而是岩石圈板块整个地幔软流层像传送带那样移动着，大陆只是传送带上的"乘客"。

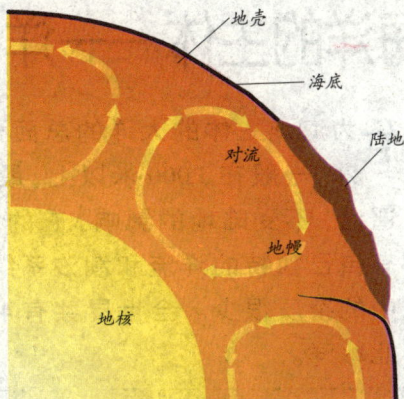

热量在地球内部流动，使软流层的物质产生对流循环。这一运动导致了板块漂移和海底扩张。

六大板块漂移的方向示意图

大约在 2 亿年前，由于地球自转产生的离心力和天体引潮力的长期作用，泛古陆开始分裂。比重轻的硅铝层陆块像冰块浮在水面上一样，在较重的硅镁层上漂移。

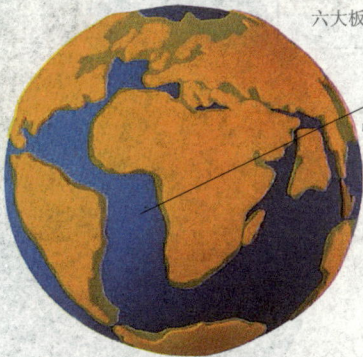

1.35 亿年前，大西洋已经张开。

1 000 万年前，大西洋扩大了许多。地球上的几大洲初步形成。

板块的移动

构成地表岩石圈的是六大板块，它们是太平洋板块、亚欧板块、印度洋－澳大利亚板块、非洲板块、美洲板块和南极洲板块。这些板块都在运动，相互挤压、碰撞，不断改变着地球的面貌。

海洋的主体——洋

作为海洋主体的大洋的总面积,约占海洋面积的89%。大洋的水深,一般在3 000米以上,最深处可达1万多米。由于大洋离陆地遥远,不受陆地的影响,它的水温和盐度的变化不大。每个大洋都有自己独特的洋流和潮汐系统。大洋的水色蔚蓝,透明度很高,水中的杂质很少。全世界共有4个大洋,即太平洋、印度洋、大西洋和北冰洋。

变化中的大洋

世界海洋中,太平洋是最古老的海洋,是泛大洋演化发展的结果。大西洋、印度洋是年轻的新生的海洋,大西洋形成到现在的面貌,只有五六千万年的历史,而印度洋的形成,时间更短。直至今日,随着地球内部的运动,大陆海洋仍在变化之中。

海与洋

洋名	最大的海	面积(平方千米)
太平洋	南海	2 974 600
大西洋	地中海	2 505 000
印度洋	阿拉伯海	7 456 000
南大洋	威德尔海	8 000 000
北冰洋	巴伦支海	1 300 000

大洋家族新成员

南极洋,又名南大洋或南冰洋,就是围绕南极洲的海洋,是太平洋、大西洋和印度洋南部的海域。以前一直认为太平洋、大西洋和印度洋一直延伸到南极洲,但因为海洋学上发现南极洋有重要的不同洋流,于是国际水文地理组织于2000年确定其为一个独立的大洋,称为第五大洋。

北美洲

墨西哥湾

加勒比海

太平洋

大西洋

南美洲

非

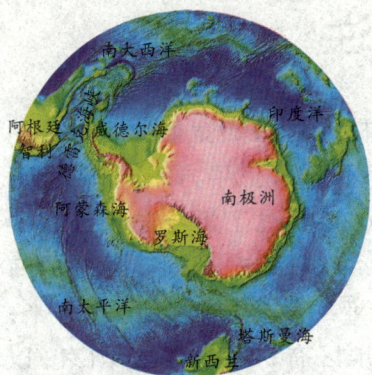

完全环绕地球的大洋

　　南大洋的北界为水温、盐度急剧变化的界限，位于南纬48°~62°之间，这条线也是南大洋冰缘平均分布的界线。南大洋的面积为7 500万平方千米，是世界上唯一完全环绕地球，而没有被任何大陆分割的大洋。它具有独特的水文特征，不但生物量丰富，而且对全球的气候亦有举足轻重的影响。

在南极大陆周围，由于没有大陆阻隔，终年不歇地涌动着自西向东的宽阔洋流，这便是南洋绕极流。

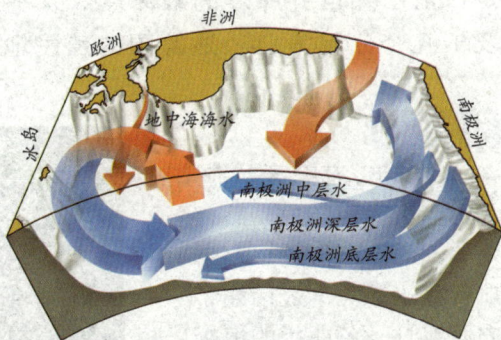

威德尔海豹

　　栖息于南大洋冰区和冰缘的威德尔海豹是打孔巨匠。它需要不断浮出水面进行呼吸，每次间隔时间为10~20分钟，最长可达70分钟。冰洞是它进出海洋、呼吸和进行活动的门户。威德尔海豹的寿命一般为8~10年。

当海面封冻时，威德尔海豹头伸出冰洞来呼吸。

世界最大的洋——太平洋

太平洋在亚洲、大洋洲、南极洲和美洲之间，东西宽处约 19 000 多千米，南北最长约 16 000 多千米，面积达 1.8 亿平方千米，占全球面积的 35%，占整个世界海洋总面积的 50%，超过了世界陆地面积的总和。太平洋是地球上四大洋中最大、最深和岛屿、珊瑚礁最多的海洋。它平均深度为 4 028 米，最深处为马里亚纳海沟，最深达 11 034 米，是目前已知世界海洋的最深点。太平洋地区有 30 多个独立国家，以及十几个分属美、英、法等国的殖民地。

得名原因

1519 年，葡萄牙航海家麦哲伦横渡大西洋成功后，到达南美洲的巴西海岸，继续向南航行抵达南美洲最南端，从东向西穿过一条曲折的海峡，进入一片浩大而平静的海域。他给这片波平如镜的海域取名为"太平洋"。其实太平洋并不太平，约在南纬 40° 的地方，终年西风肆虐，风急浪紧，被称为"狂吼咆哮的西风带"。

南太平洋上的明珠——巴厘岛

巴厘（BaLi）是印度尼西亚著名的旅游区，是爪哇以东小巽他群岛中的一个岛屿，面积约 5 560 多平方千米，人口约 280 万。巴厘西距首都雅加达约 1 000 多千米，与首都雅加达所在的爪哇岛隔海相望，相距仅 1.6 千米。该岛由于地处热带，且受海洋的影响，气候温和多雨，土壤十分肥沃，四季绿水青山，万花烂漫，林木参天。巴厘人生性爱花，处处用花来装饰，因此，巴厘岛有"花之岛"之称，并享有"南海乐园""神仙岛"的美誉。

热爱舞蹈的巴厘人

温暖的大洋

太平洋是世界上最温暖的大洋，海面平均水温为19℃。全世界海洋平均温度为17.5℃。太平洋的水温比大西洋高2℃，这主要是因为白令海峡很窄，阻碍了北冰洋寒冷的水流入；太平洋热带海面宽广，储存的热量大。所以，在太平洋生成的台风多，约占世界台风总数的70%。

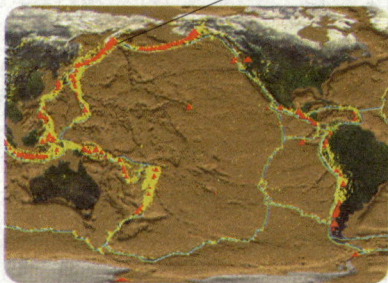
太平洋

图中的红色表示火山

太平洋火圈

太平洋火圈

全球约85%的活火山和约80%的地震集中在太平洋地区。太平洋东岸的美洲科迪勒拉山系和太平洋西缘的花彩状群岛是世界上火山活动最剧烈的地带，活火山多达370多座，有"太平洋火圈"之称，这里的地震也很频繁。

马里亚纳群岛

在西太平洋上，自北向南、由小到大地散落着一串明珠，这就是美属马里亚纳群岛，它由14个岛屿组成，主要由珊瑚礁和火山爆发物堆积而成。有人居住的只有塞班岛、天宁岛和罗塔岛，约有8万人口。马里亚纳群岛曾作为第二次世界大战(太平洋战争)的主战场，创造了一段惨痛而又辉煌的历史，这是其他岛屿所不具有的凄美。

马里亚纳群岛美丽的热带风光

正在裂开的洋——大西洋

大西洋在欧洲、非洲、美洲和南极洲之间,是世界第二大洋,距今只有一亿年的历史。大西洋的面积为9 336.3万平方千米,约占海洋总面积的25.4%,是太平洋面积的一半,平均深度为3 627米,最大深度为9 219米,在波多黎各岛北方的波多黎各海沟中。在大西洋周围,几乎都是世界上各大洲最为发达的国家和地区,因此与它有关的航海业、海底采矿业、渔业、海上航运业等非常发达。

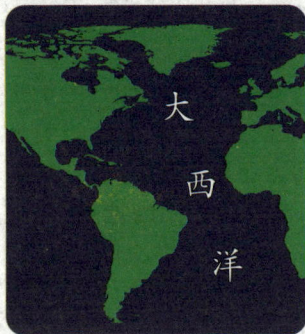

地理位置

大西洋南接南极洲;北以挪威最北端—冰岛—格陵兰岛南端—戴维斯海峡南边—拉布拉多半岛的伯韦尔港与北冰洋分界;西南以通过南美洲南端合恩角的经线同太平洋分界;东南以通过南非厄加勒斯角的经线同印度洋分界。大西洋的轮廓略呈"S"形。

景色优美的大西洋

冰岛位于大西洋中脊上,有丰富的地热资源,温泉地热为许多城镇提供热源。

大西洋的形成

大西洋是由大陆漂移引起美洲大陆与欧洲和非洲大陆分离后而形成的。但是,它正在拼命扩张,把两岸裂开,说不定在遥远的将来,后者居上,它的宽度会赶上或超过太平洋。

查尔斯·林白

飞越大西洋

1927年5月21日，美国明尼苏达州的查尔斯·林白驾机飞越大西洋，成为第一个单人飞越大西洋的人；1928年6月18日，堪萨斯州艾奇逊市的爱米莉亚·埃尔哈特女士在两位男飞行员的陪伴下驾驶"福克"号多引擎飞机，从波士顿起飞，22小时后在威尔士南部着陆。爱米莉亚·埃尔哈特成为第一位成功飞渡大西洋的女性。

发达的航运业

大西洋西部通过巴拿马运河，直通太平洋；东部穿过直布罗陀海峡进入地中海，穿过苏伊士运河经过红海，抄近路到达印度洋；也可绕过非洲南端的好望角，进入印度洋。大西洋与北冰洋的联系，比其他大洋都方便，有多条航道相连通。大西洋有多条国际航线，联系欧洲、美洲、非洲的沿岸国家，货运量居各大洋第一位。

巴拿马运河的开通缩短了大西洋与太平洋之间的航程

消失的文明

亚特兰蒂斯，一片传说中高度文明发展的古老大陆，被称做大西洲。到现今为止，还未有人能证实它的存在。最早的描述出现于古希腊哲学家柏拉图的文章里。据他所言，在9 000年前，当时亚特兰蒂斯正要与雅典展开一场大战，没想到亚特兰蒂斯却突然遭遇地震和水灾，不到一天一夜就完全沉没海底，而且消失得无影无踪。柏拉图认为，大西洲沉没的地点就在大西洋直布罗陀海峡附近。对于亚特兰蒂斯的所在位置现在还没有定论，科学家们主要倾向于在地中海西端，也就是在大西洋，因为大西洋底曾经发现过遗迹，而且对鳗鱼的洄游和马尾藻海的一些情况来猜测，的确有可能是亚特兰蒂斯所在，但是还是有很多不能解释的问题。

传说在一次特大地震和洪水中，整个大西洲沉没海底，消失于滚滚波涛之中，踪影全无。

热带的洋——印度洋

印度洋在亚洲、非洲、大洋洲和南极洲之间，是世界第三大洋，总面积 7 491.7 万平方千米，约为海洋总面积的 1/5。它的平均深度为 3 897 米，最深为爪哇海沟 7 729 米。印度洋北部是封闭的，南段敞开。西南绕好望角，与大西洋相通，东部通过马六甲海峡和其他许多水道，可流入太平洋。西北通过红海、苏伊士运河，通往地中海。它的大部分地区在热带，也称为热带的洋。印度洋上热带风暴较多，常常造成巨大的灾难。印度洋西北部的波斯湾地区，是世界石油储量最丰富的地区。

名字的更迭

中国古时称印度洋为西洋。明朝著名航海家郑和，15 世纪初曾率船队七下"西洋"，就是现在的印度洋。古希腊曾称印度洋为"厄立特里亚海"，意思是"红色的海"。到了 1515 年，欧洲地理学家舍纳画的地图上，把这片大洋改为"东方之印度洋"。相对于大西洋来说，当时欧洲知道东方有个印度，是个非常文明和富饶的国家。15世纪末，葡萄牙航海家达·伽马绕过好望角，进入这个洋，并找到了印度，就正式把"通往印度的洋"称为印度洋了。

明朝航海家郑和

地球上最年轻的大洋

1.3 亿年前，北大西洋从一个很窄的内海开裂扩大，它的东部与古地中海相通，西部与古太平洋相通，那时，南美洲与北美洲是分开的。随后南方古陆开始分裂，南美洲与非洲分开，两块大陆开裂漂移形成海洋，但与北大西洋并未贯通，海水从南面进出，是非洲与南美洲之间的一个大海盆。南方古陆的东半部也开始破碎分开，使非洲同澳大利亚、印度、南极洲分开，这两者之间出现了最原始的印度洋。

阿尔达布拉岛上的大海龟

塞舌尔群岛

　　塞舌尔群岛由 92 个岛屿组成,这里是一座庞大的天然植物园,有 500 多种植物,其中的 80 多种在世界上其他地方根本找不到。每一个小岛都有自己的特点,阿尔达布拉岛是著名的龟岛,岛上生活着数以万计的大海龟;弗雷加特岛是一个"昆虫的世界";孔森岛是"鸟雀天堂";伊格小岛盛产各种色彩斑斓的贝壳。奇异水果海椰子是塞舌尔的国宝,外国游客若想带出境还需持有当地政府的许可证。

丰富的油气资源

　　印度洋海底油气资源丰富,每年产量约为世界海洋油气总产量的 40%,波斯湾是世界海底石油最大产区。沿岸的沙特阿拉伯、科威特等国是世界著名产油国家。这里是美国、日本等发达国家的石油重要供应地。

生态灾难

　　在 1990 年 1 月的海湾战争中,大量油库、油井被炸毁,海湾沿岸浓烟滚滚,火海一片,整整烧了几个月。波斯湾海域遭到严重污染,海面上漂浮着大量油污,大量鱼虾死亡,海鸟被油粘住翅膀,不能飞翔。

海湾战争造成石油污染海水的景象

千里冰封——北冰洋

北冰洋位于北极圈内,处于地球的最北端,被欧洲大陆和北美大陆环抱着,有狭窄的白令海峡与太平洋相通;是世界上最小、最浅的大洋,面积约为1 479万平方千米,不到太平洋的1/10,仅占世界大洋面积的3.6%。北冰洋体积1 698万立方千米,仅占世界大洋体积的1.2%;平均深度1 300米,仅为世界大洋平均深度的1/3,最大深度也只有5 449米。冬季,80%的洋面被冰封住,就是在夏季,也有一多半的洋面被冰霸占。

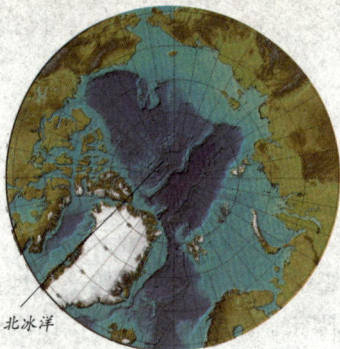

名字的由来

古希腊曾把北冰洋叫做"正对大熊星座的海洋"。1650年,荷兰探险家W.巴伦支把它划为独立大洋,叫大北洋。1845年,英国伦敦地理学会为其命名,汉文翻译为北冰洋。

北冰洋

北冰洋气候寒冷,洋面大部分常年冰冻,给航运带来很大的不便。

北极熊生活在北冰洋及其岛屿,在这里,一年四季都有北极熊出没。

冰雪世界

北冰洋是个非常寒冷的海洋,平均水温只有−1.7℃。洋面上有常年不化的冰层,厚度在2～4米,北极点附近冰层可厚达30米。北冰洋又是四大洋中温度最低的寒带洋,终年积雪,千里冰封,每当这里的海水向南流进大西洋时,随时随处可见一簇簇巨大的冰山随波漂浮,逐流而去,就像是一些可怕的庞然怪物,给人类的航运事业带来了一定的威胁。

北冰洋上的奇观

　　北冰洋是世界上条件最恶劣的地区之一,由于位于地球的最北部,所以每年都会有独特的极昼与极夜现象出现。这里一年中几乎一半的时间,连续暗无天日,恰如漫漫长夜难见阳光;而另一半日子,则多为阳光普照,只有白昼而无黑夜。恶劣的气候条件使这里千里冰封,终年雪飘,天气严寒,冰山林立,这里的海冰,约有300万年的历史。

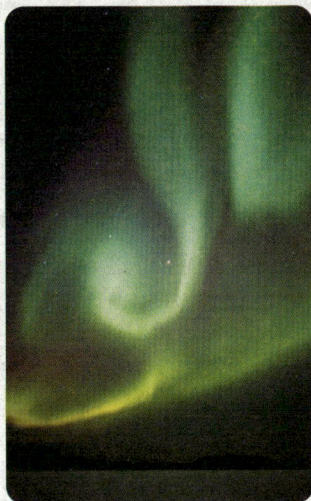

出现在北冰洋上空的极光

因纽特人的冰屋,不但
美观结实,而且保暖防寒。

北极的主人

　　因纽特人是北极地区的土著民族,善于用冰雪造屋,一般养狗,用以拉雪橇。他们主要从事陆地或海上狩猎,辅以捕鱼和驯鹿。因纽特人以猎物为主要生活来源:以肉为食,毛皮做衣物,油脂用于照明和烹饪,骨牙做工具和武器。男子狩猎和建屋,妇女制皮和缝纫。他们世世代代生活和居住在这里,至少有4 000多年的历史。在过去的漫长岁月中,他们过着一种没有文字、没有货币,却自由自在、自给自足的生活。随着时代的变迁,因纽特人已经开始接受现代文明,生活也发生了巨大的变化。

狗拉雪橇是因纽特人的冰上交通工具

容纳百川——海

海 是指大洋边缘靠近大陆部分的海域,约占海洋总面积的 11%,一般比洋面积要小,深度也比较浅,平均深度从几米到 3 000 米。由于海靠近大陆,受大陆、河流、气候和季节的影响,水的温度、盐度、颜色和透明度都受陆地影响出现明显的变化,有的海域海水冬季还会结冰,河流入海口附近海水盐度会变淡、透明度差。和大洋相比,海没有自己独立的潮汐与海流。

海的分类

根据国际水道测量局的海名汇录,全世界有 54 个海。按所处地理位置不同,可分为边缘海、陆间海和内海。边缘海位于大陆边缘,以岛屿、群岛或半岛与大洋分隔,以海峡、水道与大洋相连,如东海、南海;陆间海位于大陆之间,以狭窄海峡与大洋或其他海相通,如地中海;内海位于陆地内部,如波罗的海、黑海。

名 称	位 置	备 注
红 海	非洲东北部与阿拉伯半岛之间	世界上最年轻的海
马尔马拉海	亚洲小亚细亚半岛和欧洲的巴尔干半岛之间	世界上最小的海
珊瑚海	太平洋西南部海域	世界上最大的海
亚速海	乌克兰和俄罗斯南部	世界上最浅的海
白令海	太平洋最北部的边缘海	世界上最深的海
加勒比海	北大西洋	世界上最大的内海
爱琴海	地中海与希腊半岛之间	世界上岛屿最多的海
波罗的海	东北欧	世界上盐度最低的海

海纳百川

俗话说"海纳百川,有容乃大",那些能直接或间接流入海洋的河流,称为外流河。外流河一般处在气候比较湿润、降水丰富、蒸发量较小、离海较近的大陆边缘地区。世界上 2/3 以上的河流是外流河。如南美洲的亚马孙河,非洲的尼罗河,中国的长江、黄河,北美洲的密西西比河这世界五大河流,均属于外流河。

地球上的无数条河流,穿越遥远的旅程,都汇入了浩瀚的大海。海水又经蒸发形成大气,大气受热向上运动,最后又冷却完成降雨,补充河流里的水,这样完成了持续不断的水循环。

刻有"天涯"的巨石

天涯海角

在我国的海南省三亚市(原崖县三亚镇)附近的海滩上,有一块巨大的立石,上面镌刻着"天涯"二字。在立石的右侧,又有一块卧石,上面刻有"海角"二字,在这两块大石左侧的高大石栏上,刻有"南天一柱"4个遒劲大字,这两块巨石上的字为清代末期所镌刻。在我国漫长的封建社会里,许多犯人被流放到海南岛,由于路途遥远,历尽艰辛,千里跋涉,及至到达海南之时,已是九死一生,于是人们把崖州之滨视为"天涯海角"。

浩瀚的南海

南海,通过巴士海峡、苏禄海和马六甲海峡等,与太平洋和印度洋相连。它的面积最广,约有356万平方千米,相当于16个广东省那么大。我国最南边的曾母暗沙距大陆达2 000千米以上,这要比广州到北京的路程还远。南海也是邻接我国大陆最深的海区,平均水深约1 212米,中部深海平原中最深处达5 567米,比大陆上西藏高原的高度还要大。

世界第三大陆缘海——南海

从东海往南穿过狭长的台湾海峡,就进入汹涌澎湃的南海了。南海是邻接我国大陆最深、最大的海,也是仅次于珊瑚海和阿拉伯海的世界第三大陆缘海。南海位居太平洋和印度洋之间的航运要冲,具有重要的战略意义。

海阔水深的南海总是呈现碧绿或深蓝色

最古老的海——地中海

地中海是指介于亚、非、欧三洲之间的广阔水域，这是世界上最大的陆间海。地中海是世界上最古老的海，历史比大西洋还要古老。地中海处在欧亚大陆和非洲大陆的交界处，是世界强地震带之一。维苏威火山、埃特纳火山是地中海地区的著名火山。

名字的由来

最早犹太人和古希腊人简称地中海为"海"或"大海"。因古代人们仅知此海位于三大洲之间，故称之为"地中海"。英、法、西、葡、意等语拼写来自拉丁 MareMediterraneum，其中"medi"意为"在……之间"，"terra"意为"陆地"，全名意为"陆地中间之海"。该名称始见于公元 3 世纪的古籍。公元 7 世纪时，西班牙作家伊西尔首次将地中海作为地理名称。

地中海曾经干涸过

地中海在历史上的确曾经干涸过。近年来，科学家们发现了在地中海海底不同地点和不同深度上的沉积层中存在着石膏、岩盐和其他矿物的蒸发岩，经测定，其年龄距今 500 万～700 万年。由此可以推断，在距今约 700 万年期间，地中海的古地理环境曾是一片干涸荒芜的沙漠。从考证出来的蒸发岩上又覆盖着一层海底沉积物和深海软泥来看，说明地中海干涸之后，再度被海水淹没。而据现在的资料统计，地中海地区年蒸发量超过了年降水量与江河径流量之和，所以有人推断：如果没有大西洋海水流入地中海，也许用不了 1 000 年的时间，地中海就会完全干涸，重新变成干透了的特大深坑。

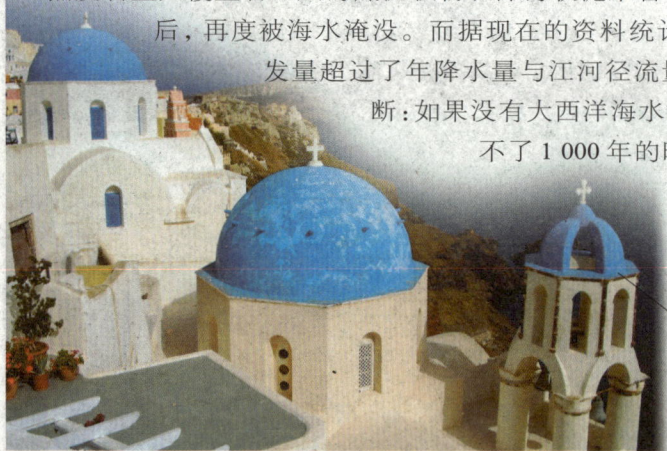

希腊的山多里尼岛是地中海地区最著名的旅游度假胜地

地中海气候

地中海气候独特，夏季干热少雨，冬季温暖湿润。这种气候使得周围河流冬季涨满雨水，夏季干旱枯竭。世界上这种气候类型的地方很少，据统计，总共占不到2%。由于这里气候特殊，德国气象学家柯本在划分全球气候时，把它专门作为一类，叫地中海气候。因为这个气候特别适合橄榄树的生长，因此地中海地区盛产油橄榄。而且这里还是欧洲主要的亚热带水果产区，盛产柑橘、无花果和葡萄等。

柑橘也是地中海地区盛产的水果之一

交通要道

地中海作为陆间海，比较平静，加之沿岸海岸线曲折、岛屿众多，拥有许多天然良港，成为沟通3个大陆的交通要道。这样的条件，使地中海从古代开始海上贸易就很繁盛，成为古埃及文明、古希腊文明、罗马帝国等的摇篮，现在也是世界海上交通的重要地点之一。地中海沿岸的腓尼基人、克里特人、希腊人以及后来的葡萄牙人和西班牙人都是航海业发达的民族。著名的航海家如哥伦布、达·伽马、麦哲伦等，都出自地中海沿岸的国家。

风光旖旎的地中海

地中海最美的港湾——摩纳哥

摩纳哥公国位于地中海边峭壁上，面积仅有1.95平方千米，在世界上最小国家中名列第二。这里不仅有阳光，沙滩，海水，还有转盘，牌桌，啤酒，香槟……在摩纳哥，知名度最高的当数豪华的蒙特卡罗赌场。还有每年5月份的F1一级方程式赛车活动，总会吸引数万人涌进摩纳哥，观赏这个充满刺激的赛车盛事。

摩纳哥著名的赛车盛况

红色的海——红海

在非洲北部与阿拉伯半岛之间，有一片颜色鲜红的海，这就是红海。实际上，在通常情况下，红海海水都是蓝绿色的。它是世界上水温和含盐量最高的海域之一。红海是印度洋的边缘海，它就像一条张着大口的鳄鱼，从西北向东南，斜卧在那里。它长约2 000多千米，最大宽度306千米，面积约45万平方千米，平均深度558米，最大深度2 514米。北段通过苏伊士运河与地中海相通，南端有曼德海峡与亚丁湾相通。

名称的由来

关于红海名称的来源，解释甚多。有的认为是远古时代，受交通工具和技术条件的制约，驾船在近岸航行的人们发现红海两岸红黄色岩壁将太阳光反射到海上，使海上也红光闪烁，红海因此而得名。有的认为是红海里有许多色泽鲜艳的贝壳使水色深红；也有的认为红海近岸的浅海地带有大量黄中带红的珊瑚沙，使得海水变红。还有人认为红海内红藻会发生季节性的大量繁殖，使整个海水变成红褐色，有时连天空、海岸都映得红艳艳的，因而得名红海。其实今天红海的名字是从古希腊名演化而来的。

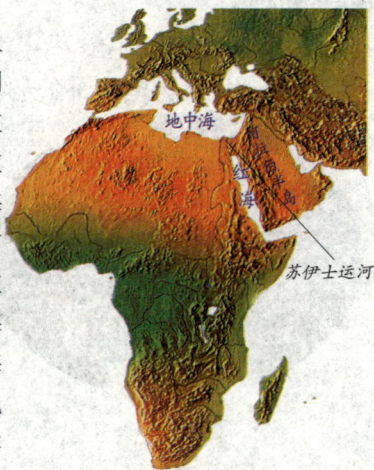

地中海

苏伊士运河

红海是年轻的海

大约在2 000万年前，阿拉伯半岛与非洲分开，诞生了红海。现在还可看出，两岸的形状很相似，这是大陆被撕开留下的痕迹。非洲板块与阿拉伯板块间的裂谷，沿红海底中间通过。在300万～400万年来，两个板块仍继续分裂，两岸平均每年以2.2厘米的速度向外扩张。红海在不断加宽，将来可能成为新的大洋。

红色毛状带藻

红海的"大水库"

红海处于热带沙漠气候区,降水少得可怜,但蒸发量却远远大于降水量。加上红海周围无河流汇入,使红海水量入不敷出,必须由印度洋的水流来补充。亚丁湾就成了调节红海水位的"大水库"了。从印度洋进入亚丁湾的水,浩浩荡荡北上,进入干渴的红海,补充它的水源不足。红海的高温、高盐水也不断经过曼德海峡的底层,流向亚丁湾,成为印度洋高温高盐水的重要源头。

红海含盐量达 43‰,游人来到这里即使不会游泳也可仰卧水面,悠闲地沐浴阳光,享受随波漂浮的奇妙感受,体验死海的韵味。

阿法尔三角地区

红海边缘的阿法尔三角地区的两侧海岸线,在几何形态上嵌合部分发生中断,就很能说明问题。大约在 2 500 万年前,今天的也门恰好嵌合在劳比亚和索马里之间,经过中心扩张分离,形成了现今的达纳基勒地垒两侧的地壳碎块,成为阿法尔三角地区。

阿法尔三角地区经过埃塞俄比亚、厄里特里亚、和吉布提,是地球上最大的正在形成的区域。

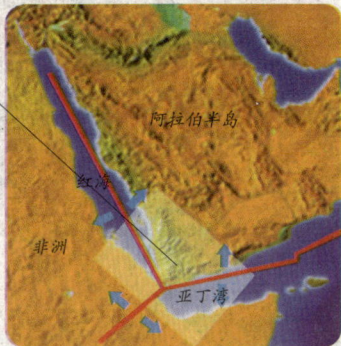

五彩缤纷的海——珊瑚海

在南太平洋、澳大利亚、巴布亚新几内亚、所罗门群岛、新赫布里底群岛、新喀里多尼亚群岛及南纬30°间，有一个五彩缤纷的海，叫珊瑚海。它既是最大的海，也是最深的海。它北接所罗门海，南连塔斯曼海，面积达479.1万平方千米，最大深度达9 174米。珊瑚海是太平洋的边缘海。这里曾是珊瑚虫的天下，它们巧夺天工，留下了世界最大的堡礁。众多的环礁岛、珊瑚石平台，像天女散花，繁星点点，散落在广阔的洋面上，因此得名珊瑚海。

大堡礁

大堡礁是世界上最大的珊瑚礁，位于澳大利亚东北岸，这里景色迷人、险峻莫测，水流异常复杂，生存着400余种不同类型的珊瑚，有鱼类1 500种，软体动物达4 000余种，聚集242种鸟类，有着得天独厚的科学研究条件。这里还是某些濒临灭绝的动物物种（如人鱼和巨型绿龟）的栖息地。

大堡礁又称为"透明清澈的海中野生王国"。是世界七大自然景观之一，也是澳大利亚人最引以为豪的天然景观。

海洋中的热带雨林——珊瑚礁

珊瑚礁就像是海洋中的热带雨林，不但是因为它和热带雨林一样分布在热带，愈靠近赤道，珊瑚礁愈发达，而且珊瑚礁区也是生物多样性最高的地方。珊瑚取代雨林中的树木，鱼类和软体动物取代鸟兽。珊瑚礁区食物链中也一样有生产者、消费者。

海盗的天堂——加勒比海

加勒比海是大西洋西部的一个边缘海。它的总面积约为 2 75 万平方千米，平均水深 2 491 米，最深点是古巴和牙买加之间的开曼海沟，深达 7 680 米，也是世界上深度最大的陆间海。加勒比海的名称来自小安得列斯群岛上的土著居民卡利勃人。

珊瑚礁众多

加勒比海大部分位于热带地区，是世界上最大的珊瑚礁集中地之一。西印度群岛是世界上第二大群岛，岛屿数量仅次于亚洲的马来群岛。其中古巴岛是最大的岛屿，其他还有海地岛、波多黎各岛等大陆岛，其他多数属于珊瑚岛，风景秀丽，充满热带风情。

海盗正在抢劫商船

海盗的天堂

16 世纪，加勒比海成为海盗的天堂，许多海盗甚至得到他们本国国王的授权。加勒比海上的众多小岛为他们提供了良好的躲藏地，而西班牙运送珠宝的舰队则是他们的主要攻击对象。

加勒比海

黑色的海——黑海

黑 海是欧洲东南部和亚洲之间的内陆海,通过西南面的博斯普鲁斯海峡、马尔马拉海、达达尼尔海峡、爱琴海与地中海沟通。黑海东岸的国家是俄罗斯和格鲁吉亚,北岸是乌克兰,南岸是土耳其,西岸属于保加利亚和罗马尼亚。克里米亚半岛从北端伸入黑海,黑海东端的克赤海峡把黑海和亚速海分隔开来。

黑海的成因

"黑海"这个名字,源自古希腊的航海家,他们认为黑海海水的颜色比地中海的海水深黑而为其命名。黑海原是古地中海的一个残留、孤立的海盆,由于与外界隔绝的下层海水缺氧,加上细菌的作用使沉积海底的大量有机物腐化分解,久而久之,把海底淤泥也染成了黑色。

黑海

交通命脉

由于黑海是连接东欧内陆和中亚高加索地区出地中海的主要海路,故其战略地位非常重要。黑海航道是古代丝绸之路由中亚往罗马的北线必经之路,尤其是对自17世纪开始崛起的沙俄皇朝,黑海和波罗的海均是影响该国对欧洲联系的命脉。近代史中也有因为抢夺黑海的控制权而引发的战争和军事行动,如著名的克里米亚战争(1853～1856年)。

乏氧的海洋系统

黑海是一个很大的缺乏氧的海洋系统。黑海本身很深，从河流和地中海流入的水含盐度比较小，因此比较轻，它们浮在含盐度高的海水上。这样深水和浅水之间得不到交流，两层水的交界处位于 100 ～ 150 米深处之间。两层水之间彻底交流一次需要上千年之久。在这个严重缺氧的环境中只有厌氧微生物可以生存，它们的新陈代谢释放有毒的硫化氢（H_2S）和二氧化碳。其他生物实际上只能生存在 200 米深度以上的水里。

黑海舰队

黑海舰队由沙皇俄国于 1753 年创建，在 200 多年的历史中先后参加过克里米亚战争和第一次世界大战。在卫国战争期间，参加了塞瓦斯托波尔、敖德萨保卫战，逐渐发展成为前苏联四大舰队之一。黑海舰队是前苏联海军中唯一不怕冰冻围困的全天候舰队，主要基地和舰队司令部设在克里米亚半岛的塞瓦斯托波尔。

黑海舰队

敖德萨位于黑海海畔，气候宜人，温度与湿度适中，由于天然海港常年不冻，在水路运输中占有重要地位。它同世界 60 个国家的 200 多个港口有来往。

海底的轮廓——海底地貌

如同陆地上一样，海底有高耸的海山，起伏的海丘，绵延的海岭，深邃的海沟，也有坦荡的深海平原。纵贯大洋中部的大洋中脊，绵延 8 万千米，宽数百至数千千米，总面积堪与全球陆地相比。而整个海底世界也并不像人们所想象的或是像表面看起来那样平缓和宁静，相反却是地球上最活跃最动荡不安的地带。地震、火山活动频繁，只不过一切都掩盖在海水之下进行而已。虽然世界各大洋的洋底形态复杂多样、各不相同，但基本上都是由大陆架，大陆坡，海沟，海盆，洋中脊(海底山脉)几个部分组成。在上面均盖着厚度不一、火红或黑的沉积物，把大洋装点得气势磅礴、雄伟壮丽。

海底的诞生

有人认为整个地壳大致可分为六大板块，其中又分为大洋板块和大陆板块。大洋板块在地幔上浮动着，高温的地幔物质在洋中脊地区上升，使本已很薄的地壳发生皱裂，于是喷出熔岩，熔岩冷却之后，就形成了新的地壳，于是海底便诞生了。

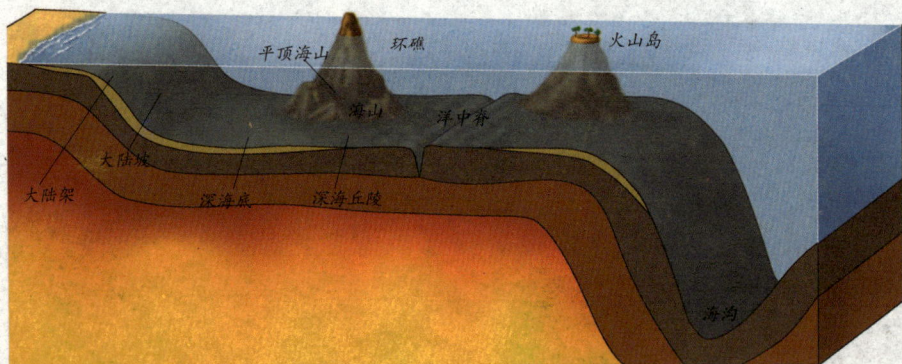

地球的结构

地球的平均赤道半径为 6 371.5 千米，比极半径长 21 千米。地球的内部结构可以分为 3 层：地壳、地幔和地核。地核厚度为 3 473 千米，由液体核、过渡层和固体核组成；地幔厚度为 2 865 千米，由软流层、过渡层和中间层组成；地壳平均厚度为 33 千米。

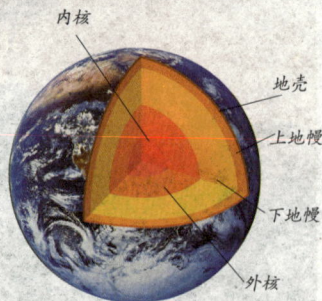

海底像个大水盆

　　世界大洋的海底像个大水盆，边缘是浅水的大陆架，中间是深海盆地，其深度在 2 500 ~ 6 000 米之间，面积占海底总面积的 77%。

海盆

深海平原

　　在深海中也有如同陆地平原一样的地貌，这就是深海平原。深海平原一般位于水深 3 000 ~ 6 000 米的海底。它的面积较大，一般可以延伸几千平方千米。深海平原坡度小于千分之一，其平坦程度超过大陆平原。

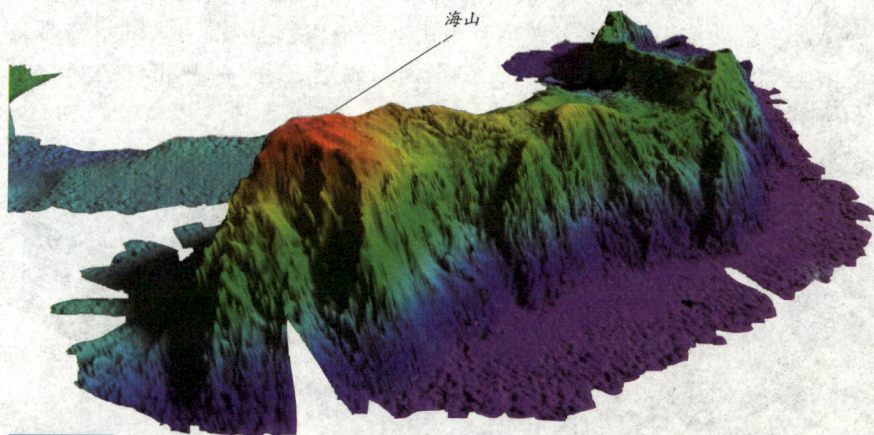

海山

海　山

　　海底火山的分布相当广泛，大洋底散布的许多圆锥山都是它们的杰作，火山喷发后留下的山体都是圆锥形状。海底火山，死的也好，活的也好，统称为海山。海山的个头有大有小，一两千米高的小海山最多，超过 5 千米高的海山就少得多了，露出海面的海山（海岛）更是屈指可数。海山有圆顶，也有平顶。平顶山的山头好像是被什么力量削去的。其实它是海浪拼命拍打冲刷，经历年深日久而形成的。第二次世界大战期间，美国科学家普林斯顿大学教授 H．H．赫斯首次在太平洋海底发现了海底平顶山。

大陆的边缘——大陆架

我们平时所看到的海岸线并不是大陆与海洋的分界线,实际上,在海面以下,大陆仍以极为缓和的坡度延伸至大约200米深的海底,这一部分就是大陆架。它曾经是陆地的一部分,只是由于海平面的升降变化,使得陆地边缘的这一部分,在一个时期里沉溺在海面以下,成为浅海的环境。大陆架像是被海水淹没的滨海平原,是海洋生物的乐园,可以发现许许多多的海洋动植物在此处安居乐业,繁衍生息。

大陆坡上的沉积物

大陆坡上的沉积物,主要是来自陆地河流的淤泥、火山灰、冰川携带的石块,还有亿万年来海洋生物残体的软泥。概括地说,整个大陆坡的面积,约有25%覆盖着沙子,10%是裸露的岩石,其余65%盖着一种青灰色的有机质软泥。这种软泥常常因受到氧化作用而成栗色。在火山活动地带,软泥中夹杂有火山灰,高纬度地区混有大陆水流带来的石块、粗沙等。在热带河口附近,有一种热带红色风化土构成的红色软泥。

海岸线

大陆坡

大陆架

大陆架一般蕴藏着丰富的石油资源,许多国家都在大陆架上开采石油。

海底的沉积物一般厚达300米左右,在大西洋盆地,那里的沉积物厚度达3 600多米,这些沉积物并不是没用的"垃圾",它们为我们提供了丰富的能源——石油。

大陆坡

大陆架以下，是大陆架向大洋底部过渡的斜坡，坡度陡然增大，一般为 3° ~ 4°，有的甚至超过 10°，水深急剧增加，一般为 200 ~ 2 500 米。这就是比较狭窄的大陆坡，它的底部才是大陆与海洋的真正分界线。

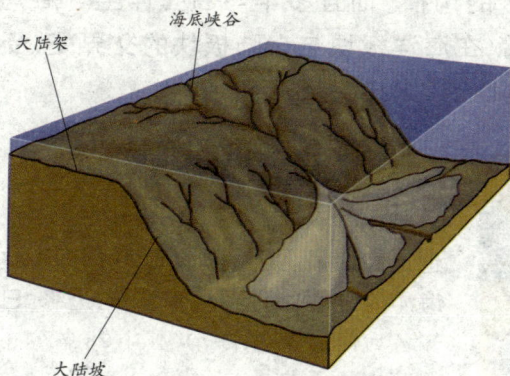

海底峡谷

大陆架

大陆坡

海底峡谷

大陆坡上最特殊的地形是深邃的大峡谷，称为海底峡谷。它一般是直线形的，谷底坡度比山地河流的谷底坡度要大得多，峡谷两壁是阶梯状的陡壁，横断面呈"V"形。海底峡谷规模的宏大往往超过陆地上河流的大峡谷。现已发现几百条海底峡谷，分布在全球各处的大陆坡上。

良好的渔场

虽然世界大陆架总面积约为 2 700 多万平方千米，平均宽度约为 75 千米，占海洋总面积的 8%，但鱼的捕获量却为海洋渔业总产量的 90% 以上。因为大陆架区域水质肥沃，海水中含有大量的无机盐，加上大陆江河不断地带来溶解进丰富有机物和无机物的淡水，在风浪、潮流的作用下，上、下层海水的混合加快，所以，大陆架成为良好的渔场。

渔场大多分布在营养盐类多的海域，这里浮游生物丰富，鱼类的饵料来源充足，故集中了大量的鱼类资源。

海洋里的孪生"兄弟"——海沟和岛弧

陆地上有许多巨大、深邃奇伟的峡谷,但与浩淼大洋深处的海沟相比,就自愧不如了。海沟也叫海渊,是位于海洋中的两壁较陡、狭长的、水深大于 6 000 米的沟槽,而且多半与岛弧伴生。海沟多分布于活动的海洋板块边缘,在海洋板块与大陆板块的交界处,受地球板块相互挤压的作用,故地震、火山活动频繁。

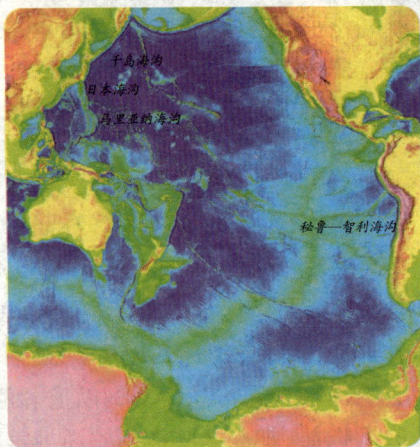

千岛海沟
日本海沟
马里亚纳海沟
秘鲁—智利海沟

海洋中最深的地方

海沟不仅是海洋中最深的地方,也是海底最古老的地方。但它却不在海洋的中心,而偏安于大洋的边缘。已知各大洋有 35 条海沟,其中 28 条分布在环太平洋带。

海　槽

比海沟规模小,深度在 6 000 米以内,相对宽浅、两侧坡度较平缓的长条形洼地称海槽。海槽主要分布在边缘海中。

海沟的宽度

海沟的宽度在 40 ~ 120 千米之间,全球最宽的海沟是太平洋西北部的千岛海沟,其平均宽度约 120 千米,最宽处大大超过这个数,距离相当于北京至天津那么远,听起来也够宽了,但在大洋底的构造里,算是最窄的地形了。

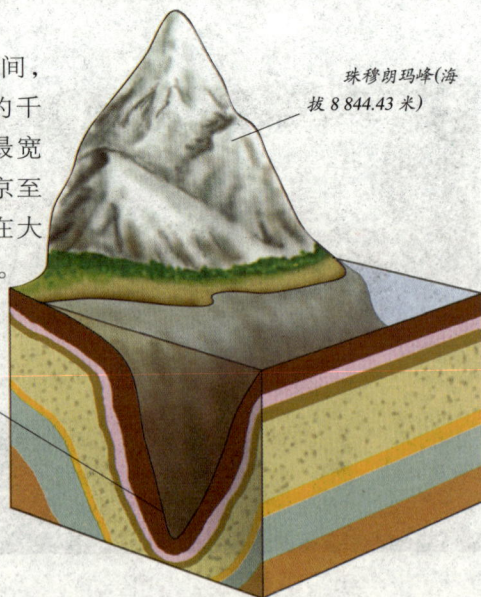

珠穆朗玛峰(海拔 8 844.43 米)

马里亚纳海沟 (海平面下 11 034 米)

如果把世界屋脊珠穆朗玛峰移到这里,将被淹没在 2 000 米的水下。其相邻的马里亚纳群岛最高海拔 478 米,相对高差 11 512 米。

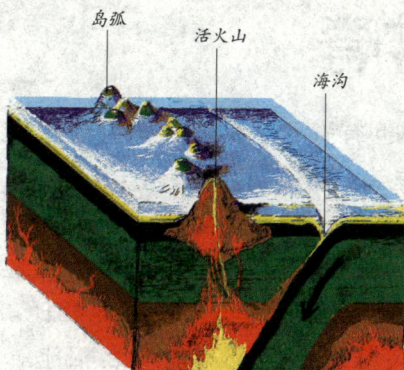

岛弧形成示意图

岛　弧

海洋中有许多呈弧形分布的岛屿，人们称之为岛弧。岛弧分为内岛弧和外岛弧。内岛弧靠陆一侧，是大洋板块与大陆板块接触带，火山和地震集中于此，如西太平洋岛弧。据统计，全世界有活火山500余座，一半以上集中在该岛弧带；全球地震能量的95%也在此释放。频繁的火山活动引起的岩浆喷发，使岛弧带成为世界上矿产最丰富的地区。外岛弧，近大洋一侧，无火山地震带。

相伴而生

科学家们经过大量的研究认为，岛弧和海沟的平行并存，是大洋板块和大陆板块相互碰撞时，大洋板块倾没于大陆板块之下的结果。如太平洋板块，厚度小而密度大，所处的位置又相对较低，在海底扩张的作用下，与东亚大陆板块相碰撞时，太平洋板块便俯冲入东亚大陆板块之下，从而使大洋一侧出现深度巨大的海沟；同时，大陆地壳的继续运动使它的前缘的表层沉积物质相互叠合到一起，形成了岛弧。由于这两种地壳的相对运动速度较大，所以碰撞后形成的海沟深度就大，而岛弧上峰岭的高度也大。因此，可以说岛弧和海沟是在同一种板块运动中形成的，它们有着共同的成因。

阿留申岛弧之谜

阿留申岛弧是地震频繁的地区之一，令人感兴趣的是：阿留申岛弧向南弯曲，这种形状似乎显示是由一种自北向南的力推动形成的，如史前冰川的推动等；另外，阿留申岛弧南侧的深海沟表明，太平洋的海底扩张对其的作用是向北推进的，但从太平洋洋脊位置来看，太平洋洋脊伸入北美大陆，南北向偏东分布，其扩张方向应是向西偏北，而不应向北，因此，阿留申海沟是如何形成的，至今仍是一个谜。

阿留申岛弧

海底的"山脉"——洋中脊

脊梁是人身体中的重要支柱,海洋也有脊梁,大洋的脊梁就是大洋中脊,它决定着海洋的成长,是海底扩张的中心。洋中脊,又称中央海岭。它是一个世界性体系,横贯各大洋,是全球规模最大的洋底山系。从北冰洋开始,穿过大西洋,经印度洋,进入太平洋,逶迤连绵约8万余千米,宽数百至数千千米,总面积堪与全球陆地相比。洋中脊就好像是大洋的脊梁,任何一条陆地山脉都不能与之相比。

大洋中脊

大西洋中脊贯穿大洋中部,与两岸大致平行(中脊名称由来),中轴为中央裂谷分开,两侧内壁陡峻,两峰嶙峋,蔚为壮观;印度洋中脊犹如"人"字分布在大洋中部;太平洋中脊位于偏东的位置上。三大洋中脊在南部相互连接,而北端却分别伸进大陆。

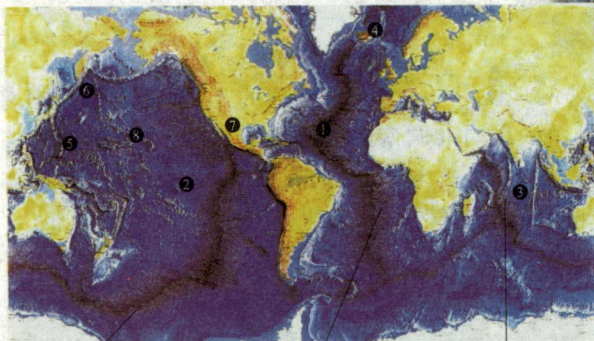

大西洋中脊

太平洋中脊　　　大西洋中脊　　　印度洋中脊呈"人"字形分布

❶ 大西洋	❺ 马里亚纳海沟
❷ 太平洋	❻ 日本海沟
❸ 印度洋	❼ 圣安德列斯断层
❹ 冰岛	❽ 夏威夷群岛

偏侧的太平洋洋脊

海底地貌最显著的特点是连绵不断的洋脊纵横贯通四大洋。根据海底扩张假说,洋脊两侧的扩张应是平衡的,大洋洋脊应位于大洋中央,但太平洋洋脊却偏侧于太平洋的东南部。太平洋洋脊为什么偏侧一方,还有待进一步的探索。

中央裂谷

中央裂谷是洋中脊的中央顶部两个脊峰之间的深陷裂谷,裂谷两侧是陡峻的平行脊峰。深度 1 000~3 000 米不等,宽度在 200 米以上。许多观测表明,在中央裂谷一带,经常发生地震,而且还经常释放热量。这里是地壳最薄弱的地方,地幔的高温熔岩从这里流出,遇到冷的海水凝固成岩。经过科学家研究鉴定,这里就是产生新洋壳的地方。较老的大洋底,不断地从这里被新生的洋底推向两侧,更老的洋底被较老的推向更远的地方。

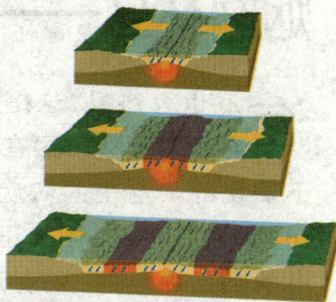

当熔岩从洋底涌出时,它所包含的磁铁矿晶体记录了当时的磁场方向。图中的蓝色箭头指示岩石形成时的地磁方向。

冰岛海克拉火山爆发时的情景

洋中脊的形成

板块构造学说认为,洋中脊是地幔对流上升形成的,是板块分离的部位,也是新地壳开始生长的地方。洋中脊顶部的地壳热量相当大,是地热的排泄口,并有火山活动,地震活动也很活跃。

"冰与火之国"

冰岛语意为"冰的陆地"。在一般人的想象中,冰岛一定是一个终年千里冰封的岛国,其实它是一个冰与火的国家。因靠近北极圈,气候十分寒冷,年平均气温不到 5℃,岛上有 13% 的地方常年被冰雪覆盖着。然而冰岛又是一个火热之岛,由于位于北大西洋海脊上,是全球火山活动最剧烈的地区之一。几乎整个国家都建立在火山岩石上,大部分土地不能开垦。冰岛不仅是世界上温泉最多的国家,也是地球上最年轻的国家之一,大自然仍在对其进行塑造。

冰岛上的拉基火山

烟囱林立——海底热泉

海底也有热泉,这是 1979 年美国科学家比肖夫博士等人乘坐"阿尔文"号潜水器在加利福尼亚湾的外太平洋 2 500 米深的海底下发现的。这里的海底上,耸立着一个个黑色烟囱状的怪物,蒸汽腾腾,烟雾缭绕,烟囱里冒出的烟的颜色大不相同。有的烟呈黑色,有的烟是白色的,还有清淡如暮霭的轻烟……

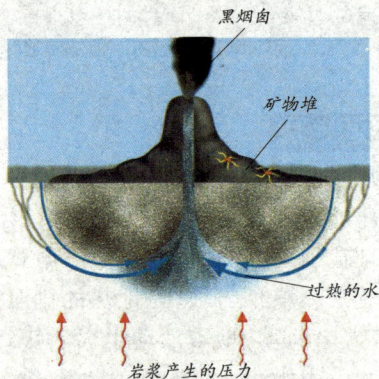

黑烟囱形成示意图

热泉特征

加利福尼亚湾外海底发现的这些黑色烟囱状怪物的高度一般为 2 ~ 5 米,呈上细下粗的圆筒状。从"烟囱"口冒出与周围海水不一样的液体,这里的温度高达 350℃。在"烟囱"区附近,水温常年在 30℃以上,而一般洋底的水温只有 4℃,令人吃惊的是,在那些活动热泉附近,甚至聚集了大量的人类不曾认识的新生物种。

僵死的细菌

1980 年,日本科学家乘坐考察船在太平洋加拉帕戈斯群岛附近考察,在一个海渊里 90℃的热水中,发现了僵死的细菌。科学家们继续下潜探察细菌的来源,在 2 650 米深处,发现了活动力极强的细菌。而这里的水温为 250℃,水压为 2 700 万帕斯卡。原来,那些 90℃的热水中发现的僵死细菌,是被热水推到较浅的水域"冻死"的,或者是忍受不了内部的压力"爆炸"而死的。

深海绿洲

在海底热泉口周围,生活着一群奇特的生物:有血红色的管状蠕虫,像一根根黄色塑料管,最长的达 3 米,横七竖八地排列着,它用血红色肉芽般的触手,捕捉、滤食水中的食物。这些管状蠕虫既无口,也无肛门,更无肠道,就靠一根管子在海底蠕动生活。但它的体内有血红蛋白,触手中充满血液。有大得出奇的蟹,没有眼睛,却无处不能爬到;又大又肥的蛤,体内竟有红色的血液,它们长得很快,一般有碗口大。在如此高温的大洋底,它们生活得其乐融融,科学家称这里为"深海绿洲"。

热泉效应

　　海底热泉多在海洋地壳扩张的中心区，即在大洋中脊及其断裂谷中。仅在东太平洋海隆一个长6千米、宽0.5千米的断裂谷地，就发现十多个温泉口。在大西洋、印度洋和红海都发现了这样的海底热泉。初步估算，这些海底热泉，每年注入海洋的热水，相当于世界河流水量的1/3。它抛在海底的矿物，每年达十几万吨，这些矿物稍加分解处理，就可以利用。

黑烟囱周围堆积的矿物

矿藏丰富

　　海底热泉不但养育了一批奇特的海洋生物，还能在短时间内生成人们所需要的宝贵矿物。那些"黑烟囱"冒出来的炽热的溶液，含有丰富的铜、铁、硫、锌，还有少量的铅、银、金、钴等金属和其他一些微量元素。当这些热液与4℃的海水混合后，原来无色透明的溶液立刻变成了黑色的"烟柱"。经过化验，这些烟柱都是金属硫化物的微粒。由于在海水冲击的作用下，烟囱的高度很难无限升高，尤其是那些长年不活动的喷溢口，烟囱往往经不住海水的冲击而垮塌，久而久之，形成了含量很高的矿物堆。

海底热泉

蜿蜒曲折——海岸

　　提起海岸，人们便会想到悬崖、沙滩，想到白沫飞溅、惊涛拍岸，想到一轮赤红的太阳从靛蓝的海面升起的壮观景象。海岸地貌千姿百态，类型多种多样。根据海岸动态可分为堆积海岸和侵蚀性海岸；根据地质构造划分为上升海岸和下降海岸；根据海岸组成物质的性质，可把海岸分为岩石海岸、砂砾质海岸、淤泥质海岸、红树林海岸。

海岸线

　　海岸线是陆地与海洋相互交汇的地带，是岩石圈、大气圈、水圈和生物圈相互影响的叠合地带。世界海洋面积巨大，岛屿分布星罗棋布，造成了海岸曲折复杂。在海浪、气候等因素的影响下，海岸线时刻都在发生着变化。

沙滩的形成

　　在海浪的撞击下，海岸的部分岩石裂开，落下一块块大圆石。大圆石裂成小圆石，接着变成碎石，最后散成细细的沙子。海浪冲刷海岸时，常常将沙粒、碎石等带到海边，这些沉淀物慢慢在海边铺开，就变成了沙滩。

海岸线一般指海潮时高潮所到达的界线

岩石海岸

　　构成海岸的岩石种类是决定海岸地形的主要因素。坚硬的岩石,例如花岗岩、玄武岩和某些砂岩,比较能够抵抗海水的侵蚀,所以往往形成高峻的海岬和坚固的悬崖,使植物得以附着在上面生长。

岩石海岸

红树林海岸

红树林海岸

　　红树林海岸是由耐盐的红树林植物群落构成的海岸。红树林一般分布在靠近海岸的低洼泥滩上,特别在背风浪的河口、海湾与沙坝后侧的泻湖内最易发育。它常常沿河口、潮水沟道向内陆深入数千米。

海岸面临的威胁

　　人们在海岸边建造旅馆,乱扔杂物,把石油和垃圾倾倒在沿岸的海水中,使海滩处于岌岌可危的状态。旅游区的噪声和强光扰乱了栖居在海滩上的鸟类和爬行动物的生活。

海洋的污染越来越严重

交通咽喉——海峡与海湾

海峡是指两块陆地之间连接两个海或洋的较狭窄的水道。它一般深度较大，水流较急。由于地理位置特殊，海峡往往都是水上重要的交通咽喉。海湾的形式多样，通常将慢慢伸入大陆，深度逐渐减少的水域称为海湾。

海 峡

海峡是连接大海与大洋的枢纽，因此在交通和战略上具有重要意义。重要的海峡很多，其中有马六甲海峡、直布罗陀海峡、白令海峡等。

名 称	连接水域	备 注
英吉利海峡	连接北海与大西洋	西欧与北欧的海上通道
霍尔木兹海峡	连接波斯湾与阿拉伯海	被称为"海上生命线"
莫桑比克海峡	连接南北印度洋	世界最大的海峡
麦哲伦海峡	连接大西洋与太平洋	世界重要的国际航线

海 湾

海湾是海和洋伸进陆地的部分，对调节气候和海洋运输有很重要的作用。比较著名的有几内亚湾、阿拉伯海，还有我国的大连湾、胶州湾、北部湾。

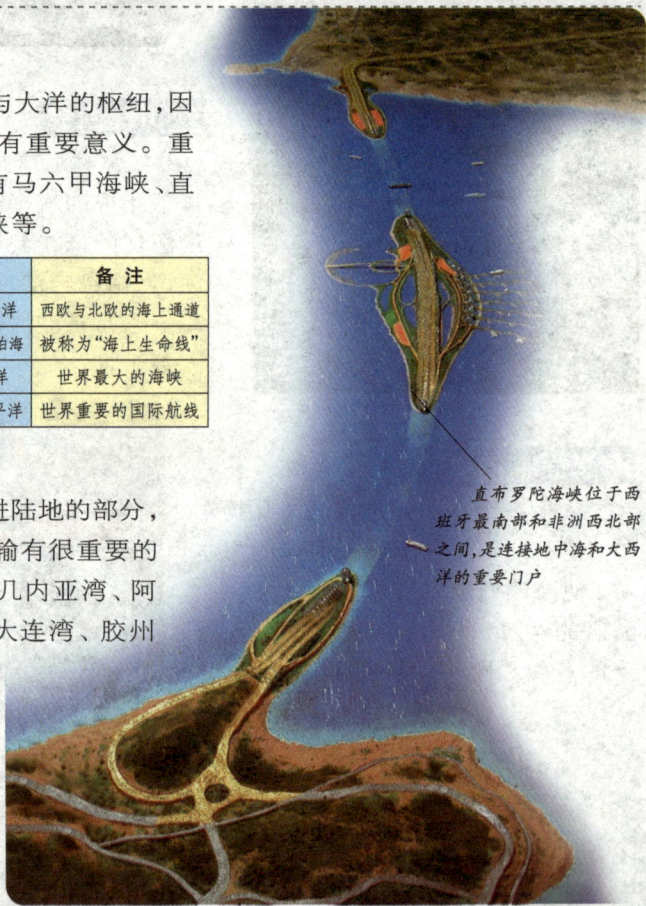

直布罗陀海峡位于西班牙最南部和非洲西北部之间，是连接地中海和大西洋的重要门户

欧洲的"生命线"

"直布罗陀"一词源于阿拉伯语，是"塔里克之山"的意思，它位于欧洲伊比利亚半岛南端和非洲西北角之间，全长约90千米。该海峡是沟通地中海和大西洋的唯一通道，是连接地中海和大西洋的重要门户，被誉为欧洲的"生命线"。

西方世界的生命线

霍尔木兹海峡是连接波斯湾和印度洋的海峡，它也是唯一一个进入波斯湾的水道。海峡的北岸是伊朗，南岸是阿曼，海峡中间偏近伊朗的一边有一个大岛叫格什姆岛，隶属于伊朗。如今的霍尔木兹海峡是全球最繁忙的水道之一，波斯湾沿岸地区是世界上石油蕴藏和生产量最大的地区，因此该海峡又被称为"西方世界的生命线"。

世界最长的海峡

位于非洲大陆东南岸与马达加斯加岛之间的莫桑比克海峡，呈东北西南走向，全长 1 670 千米，是世界最长的海峡。海峡两岸的主要港口有科摩罗的莫罗尼，莫桑比克的纳卡拉、莫桑比克、贝拉、马普托等。

世界海运最繁忙的海峡

英吉利海峡位于英国和法国之间，在法语中它称为"拉芒什海峡"。它西临大西洋，向东通过多佛尔海峡连接北海，地处国际海运要冲，也是欧洲大陆通往英国的最近水道。因此，它理所当然地成了世界海运最繁忙的海峡。

英国与欧洲大陆海上联系主要靠英吉利海峡的轮渡。这是英国最繁忙的多佛海港。

世界最大的海湾

隶属印度洋的孟加拉湾是世界上最大的海湾，其面积为 217 万平方千米，是印度洋向太平洋过渡的第一湾，也是两大洋之间的重要海上通道。沿岸重要港口有加尔各答、马德拉斯和吉大港等。

海上明珠——岛屿

岛屿是比大陆小而完全被水环绕的陆地。在河流、湖泊和海洋里都有，面积从很小的几平方米到非常大达几万平方千米不等。海洋里的岛屿是最多的，有一位老航海家曾经说过："海洋里的岛屿，像天上的星星，谁也数不清。"

岛与屿

岛屿，是对海洋中露出水面、大小不等的陆地的统称。岛与屿是有所不同的，岛的面积一般较大，屿是比岛更小的海洋陆块。世界岛屿面积约占陆地总面积的 7%，最大的岛屿是北美洲东北部的格陵兰岛。

格陵兰岛

新西兰怀特火山岛

火山岛

火山岛是海底火山喷发物质堆积，并露出海面而形成的岛屿。海岛形成后，由于长年的风化剥蚀，岛上岩石破碎成土壤，开始生长动植物。冰岛不但寒冷多雪，还是世界上火山活动最活跃的地区。全岛火山有 200 多处，其中活火山约 30 座，历史上有记载的火山喷发活动就有 150 多次。

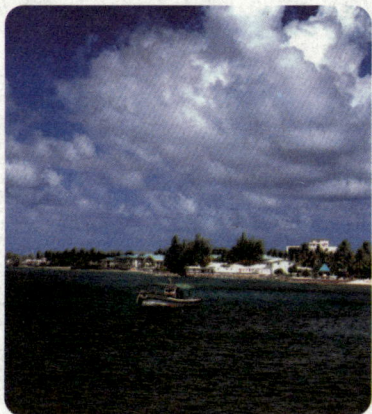

珊瑚岛

　　珊瑚的石灰质骨骼加上单细胞藻类的残骸以及双壳软体动物、棘皮动物的甲壳，日积月累，就形成了珊瑚礁和珊瑚岛。珊瑚礁主要有三种：岸礁、环礁、堡礁。珊瑚岛主要分布在太平洋和印度洋近赤道地带的热带水域。在较寒冷的水域中只有单个珊瑚虫。

隔离栖息地

　　因为岛屿是被隔离的陆地，所以岛屿上的动植物非常有特色，往往是其他地方没有发现的动植物种的栖息地，人们称这些物种为特有物种。

位于太平洋中部的瑙鲁是一个典型的珊瑚岛，整个岛呈椭圆形，四周为珊瑚礁环绕。全岛3/5 的面积被磷酸盐所覆盖，是世界上重要的磷矿产地之一。

神秘的复活节岛

　　智利附近的南太平洋上，有一个孤零零的小岛。1722 年，罗格文将军带领一帮人登到岛上，发现岛上耸立着许多石雕人像，它们背靠大海，面对陆地，排列在海岛的岸边上。每个石像形态不同，大小也不一样。这些石像是如何来的，至今还是一个谜。

复活节岛上的巨石人像

海上田园——群岛和半岛

彼此相距很近的许多岛屿合称为群岛,如马来群岛、西印度群岛等。半岛是伸入海洋或湖泊中的陆地,三面临水,一面与陆地相连,如阿拉伯半岛、中南半岛等。舟山群岛是中国第一大群岛。半岛面积大小不一;伸入海洋的长度有长有短;形状各异:楔状、条状和不规则形;成因也不同:有山地隆起型、陷断型、泥砂堆积型、火山熔岩堆积型等。

世界最大的半岛

位于亚洲西南部的阿拉伯半岛面积约 300 万平方千米,是世界最大的半岛,它包括沙特阿拉伯、也门、科威特等 7 个主权国家的领土。半岛上矿产丰富,是世界上石油、天然气蕴藏最丰富的地区之一。

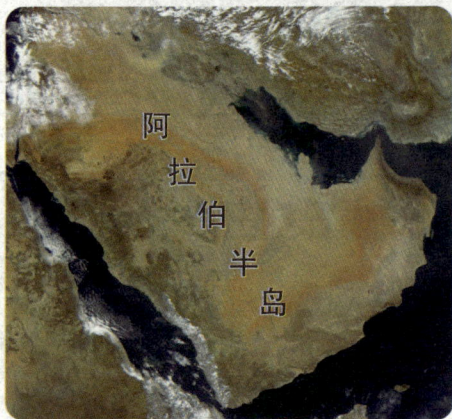

阿拉伯半岛

加拉帕戈斯群岛

加拉帕戈斯群岛由 19 个火山岛组成,从南美大陆延入太平洋约 1 000 千米,被人称做"独特的活的生物进化博物馆和陈列室"。这里生存着一些不寻常的动物物种。例如陆生鬣蜥、巨龟和多种类型的雀类。1835 年,查尔斯·达尔文参观了这片岛屿后,从中得到感悟,为进化论的形成奠定了基础。群岛的名字"加拉帕戈斯"源于西班牙语"大海龟"之意。由于远离大陆,这里的动物以自己固有的特色进化着。

加拉帕戈斯龟

台湾岛

东沙群岛

海南岛

西沙群岛

中沙群岛

南海

南沙群岛

曾母暗沙

南极半岛

南极洲也有一个大半岛，它是位于南极大陆威德尔海与别林斯高晋海之间的南极半岛，面积有 18 万平方千米，是一个多山的半岛。南美洲和大洋洲虽然也有半岛，但面积都很小。

舟山群岛

"半岛的大陆"

欧洲海岸曲折，有众多的半岛，素有"半岛的大陆"之称。其中，面积超过 10 万平方千米的半岛有 5 个：北欧的斯堪的纳维亚半岛（世界第五大半岛），面积 5 万平方千米；西南欧的伊比利亚半岛；东南欧的巴尔干半岛；南欧的亚平宁半岛；北欧的科拉半岛。

中国最大的群岛

坐落在中国长江口东南海面的舟山群岛，是中国最大的群岛，素有"海上仙山"的美称。这里岛礁众多，星罗棋布，共有大、小岛屿 1 339 个，约相当于我国海岛总数的 20%。舟山群岛的主要岛屿有舟山岛、岱山岛、朱家尖岛、六横岛、金塘岛等，其中，面积为 502 平方千米的舟山岛最大，它是我国第四大岛。

世界上最重要的群岛半岛

名　称	地　理　位　置	备　注
马来群岛	太平洋与印度洋之间	世界最大的群岛
日本群岛	亚洲东部边缘	东亚最大的群岛
舟山群岛	中国长江口东南海面	中国最大的群岛
南沙群岛	中国南海最南部	中国最南的群岛
加利福尼亚半岛	墨西哥西北部，墨西哥湾与太平洋之间	世界上最狭长的半岛
阿拉伯半岛	亚洲西南部	世界最大的半岛 亚洲南部三大半岛之一
印度半岛	亚洲南部	亚洲南部三大半岛之一
中南半岛	中国和南亚次大陆之间	亚洲南部三大半岛之一
索马里半岛	东北非	非洲最大的半岛
朝鲜半岛	东亚	东亚最大的半岛
拉布拉多半岛	北美洲东部	世界第四大半岛

太平洋上的"十字路口"——夏威夷群岛

夏威夷群岛位于海天一色、浩瀚无际的中太平洋北部,是美国唯一的岛屿州。由夏威夷、毛伊、瓦胡、考爱、莫洛凯等8个较大的岛屿和100多个小岛组成,就像一串光彩夺目的珠链在白云悠悠、海水深碧的茫茫大洋上熠熠生辉,逶迤3200千米。美国著名作家马克·吐温曾盛赞夏威夷群岛为"大洋中最美的岛屿""是停泊在海洋中最可爱的岛屿舰队"。的确,夏威夷不仅有海浪、沙滩、火山、丛林的大自然之美,而且因地处太平洋中央,扼美、亚、澳三大陆的海空交汇中心,具有十分重要的战略地位,被称为太平洋上的"十字路口"。

考爱岛

尼豪岛

瓦胡岛

莫洛凯岛

毛伊岛

拉奈岛

卡胡拉韦岛

夏威夷

夏威夷群岛成因

夏威夷群岛是太平洋怀抱中的群岛,它从太平洋的中部掘地而起。关于它的形成有两种说法。一种是热泉说:太平洋板块在夏威夷热泉的上方缓慢移动,就好像是一张纸在一根点燃的蜡烛上移动,移到哪里,哪里就开始喷发火山,形成火山岛。另一种是板块裂缝说:夏威夷这样的系列岛屿链,是沿太平洋板块中部的裂缝生成的。

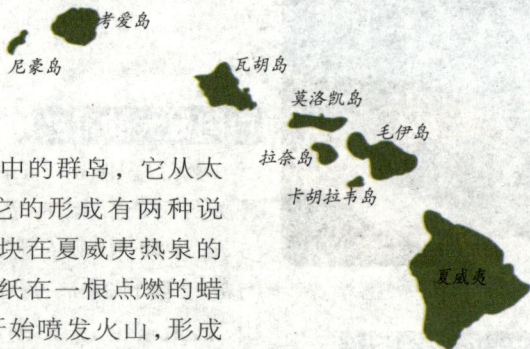

夏威夷的海滩

冒纳罗亚火山

夏威夷岛上的主峰冒纳罗亚火山是世界著名的活火山，海拔 4 205 米，它的大喷火口直径达 5 千米。

冒纳罗亚火山是一座活火山，在过去的 200 年间，约喷发过 35 次。至今山顶上还留有好几个锅状火山口和宽达 2 700 米的大型破火山口。1959 年 11 月，冒纳罗亚火山再次爆发，当时沸腾的熔岩冒着气泡从一个长达 1.5 千米的缺口处喷射出来，持续时间达一个月之久，岩浆喷出的最大高度超过了纽约的帝国大厦。1984 年 3 月，冒纳罗亚火山又一次爆发，举世罕见的壮丽景色，吸引了来自世界各地的游客。

珍珠港

珍珠港位于檀香山西侧，与怀基海滩遥遥相对。从 1911 年起，这里便是美国太平洋舰队的总部和基地。1941 年 12 月 7 日，日本突袭珍珠港，美军猝不及防，伤亡惨重。现在珍珠港一部分对游人开放，当年被击沉的 3 万吨级的战舰——"亚利桑那"号依旧躺在清澈的海底，只露出桅杆，旁边建造了一座白色花岗岩纪念馆——"亚利桑那"号纪念馆。

"亚利桑那"号纪念馆

草裙舞

说起夏威夷，人们就会想起草裙舞。而在夏威夷，无论男女都跳草裙舞。跳舞时，男性只缠着一条腰带，女性则不着上装。传说中第一个跳草裙舞的是舞神拉卡。她跳起草裙舞招待她的火神姐姐佩莱。佩莱非常喜欢这个舞蹈，就用火焰点亮了整个天空。自此，草裙舞就成为向神表达敬意的宗教舞蹈。现在，它已经变成用尤克里里琴伴奏的娱乐性舞蹈，而观赏草裙舞也成了游客游览夏威夷的保留节目。

草裙舞

海洋是影响地球气候、影响全球环境最大的自然水体。它的存在，它的变化，它的环境质量都决定着地球气候的变化，影响着人类的生存环境。因此，以保护海洋环境为宗旨，探索海洋变化规律的海洋科学和技术，在新世纪里将会有更大的发展。

大海的"脉搏"——海浪

海浪就像是大海跳动的"脉搏",周而复始,永不停息。平静时,微波荡漾,浪花轻轻拍打着海岸;"发怒"时,波涛汹涌,巨浪击岸,浪花飞溅,发出雷鸣般的响声。正因为有了海浪,大海才显得生机勃勃,令人神往。其实这一切都是风在推波助澜,海浪是风在海洋中造成的波浪,包括风浪、涌浪和海洋近岸波等。通常波长为几十厘米至几百米,周期为 0.5 ~ 25 秒,波高几厘米至 20 多米;特殊情况下波高可超过 30 米。

浪花的形成

一朵朵美丽的浪花,就像大海上的精灵。浪花是由水薄膜隔开的气泡组成的。在淡水中气泡相互靠近、融合,而在咸水中气泡相互排斥、分离。在咸水中形成的气泡比淡水中更细小,存在的时间也更长些。气泡上升到海面时破裂,并将咸水珠抛到比气泡直径大千倍的高处,就产生了浪花。

涌浪

风浪传播到风区以外的海域中所表现的波浪。它具有较规则的外形,排列比较整齐,波峰线较长,波面较平滑,略近似正弦波。在传播中因海水的内摩擦作用,使能量不断减小而逐渐减弱。

海岸在波浪昼夜不停的作用下被破坏着,又被塑造着。一个排岸浪对海岸的压力可达每平方米 60 吨。

风　浪

人们常说"无风不起浪。"风直接推动着海浪，同时出现许多高低长短不等的波浪，波面较陡，波峰附近常有浪花或大片泡沫。风浪的大小主要取决于风速、风区和风时。

海浪侵蚀的礁石

海洋近岸波

风浪或涌浪传播到海岸附近，受地形的作用改变波动性质的海浪。随海水变浅，其传播速度变小，使波峰线弯转，渐渐和等深线平行；波长和波速减小。在传播过程中波形不断变化，波峰前侧不断变陡，后侧不断变得平缓，波面变得很不对称，以至于发生倒卷破碎现象，且在岸边形成

海边七零八落的巨大石块是岸边的坚硬岩石长期被冲击的结果；海边那光滑的鹅卵石，又是岩石的后身，而粉状的砾子是卵石的未来。

水体向前流动的现象。一般，海浪冲击陡峭的岩岸，在斜斜的砂砾或泥质的海岸边形成卷波或崩波。

海浪与战争

海浪对海上航行、海洋渔业、海战都有很大影响。海浪能改变舰船的航向、航速，甚至产生船身共振使船体断裂，破坏海港码头、水下工程和海岸防护工程，影响雷达的使用、水上飞机和舰载机的起降、水雷布放、扫雷、海上补给、舰载武器使用和海上救生打捞等。

小浪利于潜艇隐蔽接近敌方，大浪影响鱼雷发射和舰艇安全航行，不利于登陆作战。

大海的"呼吸"——潮汐

众所周知,潮起潮落是大海的正常现象,是海水重要的运动形式。而在所有的海水运动形式中,最早被人们注意到的就是潮汐。大海中的海水每天都按时涨落起伏变化。古时,人们把白天的涨落称为"潮",夜间的涨落叫做"汐",合起来叫做"潮汐"。潮汐现象使海面有规律地起伏,就像人们呼吸一样。潮起时,海面波涛汹涌,翻腾着的浪花击打着岸边的岩石,犹如一位凯旋的将军带着千军万马归来,波澜壮阔。潮落时,海面风平浪静,轻柔退去的浪花抚摸着金黄色的细沙,奇形怪状的礁石,都显露出来。

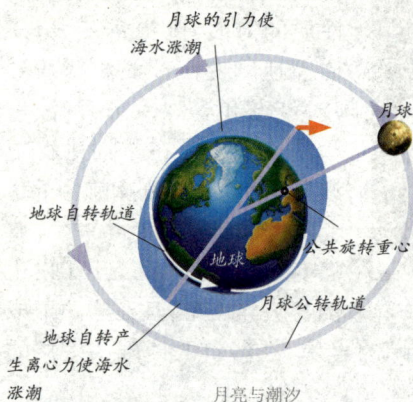
月亮与潮汐

潮汐与月亮

潮汐是海水受太阳、月亮的引力作用而形成的,引力会引起海平面的变化。在地球面向月球的一面引力最大,能产生高潮;在地球背离月球的一面引力最小,海水向背离月球方向上涨,也能产生高潮。

潮起潮涌

世界上有两大涌潮景观地:一处在南美洲亚马孙河的入海口;另一处则在中国钱塘江北岸的海宁市。每年农历八月十八,在浙江海宁的海潮最有气魄。因钱塘江口呈喇叭形,向内逐渐浅窄,潮波传播受约束而形成。潮头高度可达35米,潮差可达89米,蔚为壮观。

周而复始

从某一时刻开始,海水水位(潮位)不断上涨,这一过程叫涨潮。海水上涨到最高限度,就是高潮。这时,在短时间内,海水不涨也不落,叫平潮。平潮之后,海水开始下落,这叫"退潮"。海水下落到最低限度,即低潮。在一个短时间内出现不落不涨,这叫"停潮"。停潮过后,海水又开始上涨。如此周而复始。

法国圣米歇尔岛距离海岸2千米,退潮时,岛底可以显露出来,而在涨潮时,上升的海面则会将小岛围住。

退潮后的圣米歇尔山

潮汐发电

法国的朗斯发电站

海洋的潮汐像太阳的东升西落一样,天天出现,循环不已,永不停息。海水的一涨一落中蕴藏着巨大能量。潮汐能的大小随潮差而变,潮差越大,潮汐能越大。例如在1 000平方米的海面上,当潮差为5米时,其潮汐能发电的最大功率为550千瓦;而潮差为10米时,最大发电功率可达22 000千瓦。

据专家们估计,全世界海洋蕴藏的潮汐能的年发电量可达3万亿度。因此,人们将潮汐能称为"蓝色的煤海"。世界上最早的潮汐电站是法国的朗斯发电站。

潮汐与战争

掌握潮汐发生的时间和高低潮时的水深是保障舰船航行安全,进出港口、通过狭窄水道及在浅水区活动的重要条件,也是建设军港码头、水上机场,进行海道测量、布雷扫雷、救生打捞,构筑海岸防御工事,组织登陆、抗登陆作战和水下工程建设等必须考虑的重要因素。

诺曼底登陆

海洋中的河流——海流

海流又称洋流,它是海水沿一定途径的大规模流动。海流就像陆地上的河流那样,长年累月沿着比较固定的路线流动着,不过,河流两岸是陆地,而海流两岸仍是海水。海流遍布整个海洋,既有主流,也有支流,不断地输送着盐类、溶解氧和热量,使海洋充满了活力。

海流流动的形式

海流在大洋中流动的形式是多种多样的,除表层环流外,还有在下层里偷偷流动的潜流,由下往上的上升流,向底层下沉的下降流,海流水温高于周围海温的暖流,水温低于流经海域的寒流,水流旋转的涡旋流,等等。

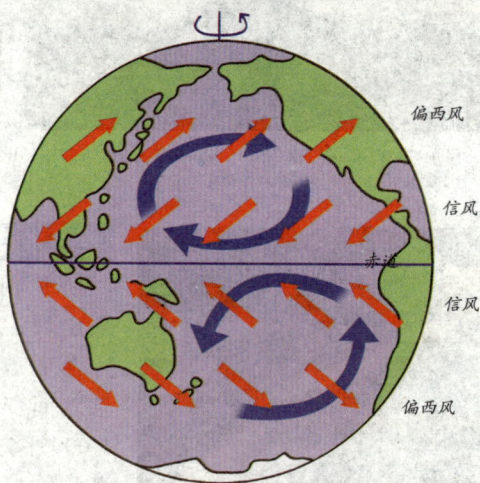

偏西风

信风

赤道

信风

偏西风

墨西哥湾流

墨西哥湾流不是一股普通的海流,而是世界上第一大海洋暖流,它虽然有一部分来自墨西哥湾,但绝大部分来自加勒比海。它的流量相当于全世界河流量总和的 120 倍,每年供给北欧海岸的能量,大约相当于在每厘米长的海岸线上得到 600 吨煤燃烧的能量,像一条巨大的暖气管,供应巨量的热,这就使得欧洲的西部和北部的平均温度比其他同纬度地区高出 16 ～ 20℃,甚至北极圈内的海港冬季也不结冰。

墨西哥湾流是世界最大的海流,它每年输送的热量使西北欧地区的气候变得温暖湿润。

缓慢爬升的海流

秘鲁位于太平洋的东南岸，海岸线长达 2 200 米，是世界著名的渔业大国。秘鲁能拥有如此丰富的渔业资源，得益于海流。不过，不是大洋环流，是一种在垂直方向上流动的海流，叫做上升流。由于上升流的速度太小，大约每秒钟只上升千分之一厘米，每天大约上升不足1米，不容易被察觉出来。上升流能把海洋下层的水带到海面上来。所以在有上升流的地方，海水的温度比周围低些，在夏季或是热带海域，能比周围低 5 ~ 8℃；盐度比周围海水也要显著高些。

黑　潮

黑潮是世界大洋中第二大暖流。黑潮像一条海洋中的大河，宽 100 ~ 200 千米，深 400 ~ 500 米，流速每小时 3 ~ 4 千米，流量相当于全世界河流总流量的 20 倍。它携带着巨大的热量，浩浩荡荡，不分昼夜地由南向北流淌，给日本列岛、朝鲜半岛及中国沿海带来雨水和适宜的气候。

暖洋流经过的沿岸，气候比同纬度各地温暖。

"海洋的血液"——大洋环流

世界上最大的海流，有几百千米宽、上千千米长、数百米深。大洋中的海流规模非常大，而且还并不都是朝着一个方向流动的。打开一张海流图，你会发现，上面那些像蚯蚓般的曲线，都是代表着海水流动的大致路线。它们首尾相接，循环不已，这就是大洋表层的环流，我们形象地把它比喻为"海洋的血液"。正因为有洋流的运动，南来北往，川流不息，对高低纬度间海洋热能的输送与交换，对全球热量平衡都具有重要的作用，从而调节了地球上的气候。

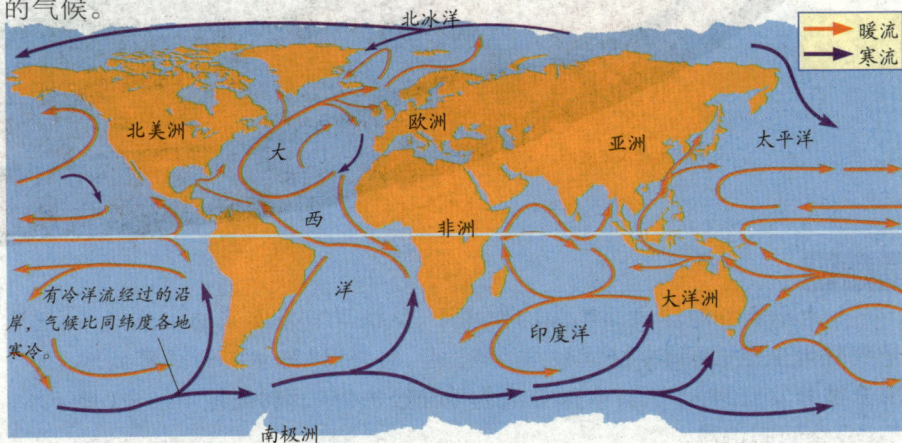

北冰洋　北美洲　欧洲　亚洲　太平洋　大西洋　非洲　有冷洋流经过的沿岸，气候比同纬度各地寒冷。　印度洋　大洋洲　南极洲

暖流　寒流

风雨的故乡——水循环

夏天从海洋上吹来凉爽的风,冬天,又给陆地送去温暖的风,调节着空气的温度和湿度。如果把地球看成一个村庄或一个大城市的居民小区,海洋就是它的中央空气调节器。

陆地上的水

陆地上的水和海水相比,只占了很少部分。在陆地上分布着河流、湖泊、沼泽和地下水,连同厚厚的冰川,这些水组成了自然界的水圈。

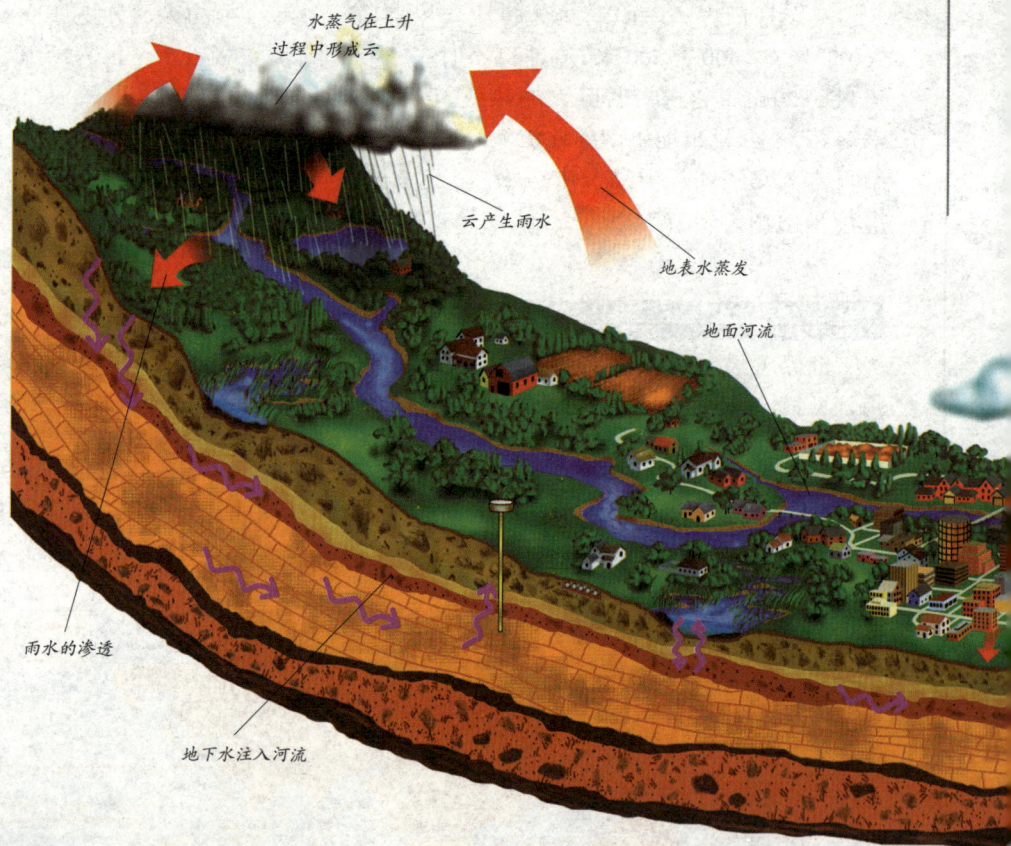

水蒸气在上升过程中形成云

云产生雨水

地表水蒸发

地面河流

雨水的渗透

地下水注入河流

水循环

在太阳能和地球表面热能的作用下,从海洋蒸发出来的水蒸气,被气流带到陆地上空,遇到冷空气凝结为雨、雪、雹等,以降水的形式落到地面,一部分被蒸发返回大气,其余部分成为地面径流(江、河)或地下径流(地下水)等,最终回归海洋。

海洋里的绿色植物

地球之肺

　　海洋不但通过大气调节地球气候，而且海洋浮游植物的光合作用，还向地球大气提供40%的再生氧气。另外60%的再生氧气是森林和其他地表植物提供的。因此，人们把海洋与森林并称为地球的两叶肺。不过，地球的这两叶肺与动物的肺相反，它吸入二氧化碳，呼出新鲜氧气。

热能仓库

　　海洋面积大，海水吸收热量的能力强，储存热量的能力大。到达地球的大部分太阳能量被海洋吸收并储存起来，海洋成为地球上的热能大仓库。陆地表面吸收太阳热量能力差，而且集中在表层很浅的地方，储存能力也很差。白天热得快，夜晚也凉得快。这样一来，地球热量的供应就主要由海洋来调节。海洋通过海水温度的升降和海流的循环，并通过与大气的相互作用影响地球气候变化。

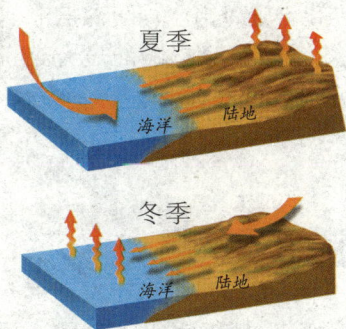

太阳使水的温度升高，变成水蒸气蒸发到大气层中

夏季
海洋　陆地

冬季
海洋　陆地

海洋与大气相互作用形成了季风

世界之肺

　　亚马孙雨林是地球上最大的热带雨林，其面积相当于美国的国土面积。它位于"河流之王"——亚马孙河流域，每年吞噬全球排放的大量二氧化碳，又制造大量的氧气，被称为"世界之肺"。

亚马孙雨林

大海的"体温"——海水温度

"**万**物生长靠太阳。"太阳能量辐射到地球，80%以上被地球表面吸收，只有不到20%反射到空中。而到达地球的大部分太阳能量被海洋吸收并储存起来，虽然海洋积聚了大量的热，但水温也不会升得很高。

太阳辐射的影响

每天海水温度都会随着太阳的辐射而发生变化。大洋表层水温每天变化很小。一般不会超过 0.4℃。浅海的海水表层每天的温度变化较大，常常可以达到3～4℃以上。海水表层温度的每日变化会通过海水向更深层海水传导，不过影响的最大深度不会超过50米。

由于海水比较温和，透光性好，可容纳很多的太阳辐射能。但海水是流动的，表层吸收的热量，会很快与周围的海水进行交换。

四季影响不大

海水的热容量比空气的热容量大得多，海水的温度变化也比空气的温度变化缓慢，因此，海水的温度受四季的影响不大。

为什么每天海水的温度变化总是滞后于太阳辐射的变化呢？

由于海水的比热比空气大得多，因此，水温上升的过程十分缓慢，出现了海水温度最高值比太阳辐射最强时间滞后的现象。同样，海水降温的过程也进行得比较缓慢，形成了最低水温要比太阳辐射的最弱时间晚得多的现象。

太阳的辐射对海水温度有一定的影响

水温变化的幅度

每年海洋表层水温总是受到太阳辐射、海流和盛行风变化的影响。赤道和高纬度海区表层水温的年变化相对比较小，一般为1℃～2℃，中纬度变化最大，尤其是在北纬35°附近，表层水温年变化可以达到12℃。表层以下各层水温的年变化比较小。海水越深，水温越低，而且深层海水的水温年变化幅度也越来越小。在海水深处，水温基本稳定。不过，在大洋底层的海水由于受到地壳内岩浆活动的影响，温度会出现异常的变化。

大海的"容颜"——海水颜色

从太空中看,地球是个蔚蓝色的星球,这是因为海洋占据了地球的绝大部分造成的。海洋是个连绵不断的水体,它的水色主要由海洋水分子和悬浮颗粒对光的散射决定。但大洋中悬浮质较小,颗粒也很微小,因此水的颜色取决于海水分子的光学性质。

光的反射

海水的颜色是由海面反射光和来自海水内部的回散射光的颜色决定的。由于蓝光和绿光在水中的穿透力最强,所以,它们回散射的机会也最大。因此,海水看上去呈蓝色或绿色。

海水是无色透明的,跟我们生活中自来水的颜色是一样的。只不过因为太阳光透过海水把蓝色、绿色反射到我们的眼中,所以海水看起来就成蓝的了

海水吸收阳光的现象

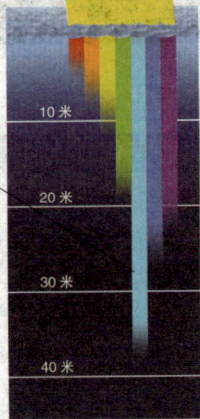

10 米

20 米

30 米

40 米

悬浮颗粒的影响

海水中的悬浮颗粒对波长短的蓝光与绿光吸收较多,而对其他光的散射则与光的波长无关。海水的颜色主要由水分子和悬浮颗粒对光的散射所决定,所以混浊程度不同的海水颜色也不同。近岸的海水悬浮颗粒多,而且颗粒也大,所以,从远海到近岸水域,海水颜色依次由深蓝逐渐变浅。在含沙量较多的河口附近,海水中有大量陆地植物分解产生的浅黄色物质,因此海水看上去为淡绿色。

赤潮

赤潮

　　赤潮又称红潮,是海洋因浮游生物的兴盛,海水呈现一片铁锈红色而得名。这种使海水变色的浮游生物,主要是繁殖力极强的海藻,其他的还有极微小的单细胞原生动物——各类鞭旋虫等。赤潮的海水都有臭味,因而也被渔民们俗称为"臭水"。它会使水体变黏稠,附着在鱼虾表皮和鳃上,导致鱼虾呼吸困难而死亡;许多赤潮生物还有较大毒性,因此它对海洋捕捞业、养殖业的危害极大。

海市蜃楼

　　夏天,在平静无风的海面上,向远方望去,有时能看见山峰、船舶、楼台等出现在空中,古代人不明白这是什么现象,就把它叫做"海市蜃楼"。其实,这是由于光在密度分布不均匀的空气中传播时发生全反射造成的。除此之外,沙漠里也有这种奇异的现象发生。

黄海

　　黄海因为古时黄河的水流入,江河带来大量泥沙,使海水中悬浮物质增多,海水透明度变小,故呈现黄色,黄海之名因此而得。黄海是我国华北的海防前哨,也是华北一带的海路要道。

大海的"味道"——海水的盐度

海水是盐的"故乡",海水中含有各种盐类,其中90%左右是氯化钠,也就是食盐。另外还含有氯化镁、硫酸镁、碳酸镁及含钾、碘、钠、溴等各种元素的其他盐类。氯化镁是点豆腐用的卤水的主要成分,味道是苦的,因此,含盐类比重很大的海水喝起来就又咸又苦。

盐是从哪里来的?

许多地质科学家相信,海水中大部分的盐是从地球内部的火山水中得来的。但也有人认为海水中的盐是由陆地上的江河通过水流带来的。因为水在流动过程中,经过各种土壤和岩层,使其分解产生各种盐类物质,这些物质随水被带进大海。海水经过不断蒸发,盐的浓度就越来越高,而海洋的形成经过了几十万年,海水中含有这么多的盐也就不奇怪了。

中国早期制盐的历史

相传炎帝时(约公元前4 000年的新石器时代)夙沙氏煮海为盐。用火熬海水制盐最早起源于山东半岛胶州湾一带,此法一直延续到明清,后逐渐过渡到用滩晒法制海盐。

人们很早就认识到"炼海煮盐"的道理,并掌握了煮盐技术。

影响盐度变化的因素

在大洋水中，盐度的变化主要与海水的蒸发、降雨、海流和海水混合这4种因素有关。近岸海水的盐度主要受陆地河流向海洋输入淡水的影响，所以盐度的变化范围较大。此外，在地球的高纬度地区，冰层的结冰和融化对这些海区海水的盐度影响也很大。

融化的冰川冰使附近海水的盐度变小

死海的海水盐度最高

盐度差别很大

世界的个别海域盐度差别很大。地中海东部海域盐度达到39.58‰，西部受到大西洋影响，盐度下降，只有37‰。红海海水盐度达到40‰，局部地区高达42.8‰。世界上海水盐度最高的是死海。海表面的盐度为360‰～380‰。

海岸边沉积的白色的盐层

淹不死人的海——死海

死海位于约旦和巴勒斯坦之间，水面低于海平面392米，是世界陆地最低点，也是世界上盐度最高的天然水体之一。尽管名字很吓人，实际上一点都不可怕。死海虽然是以海的名字命名的，但并不是海，它只是一个咸水湖。

死海含盐量很高，游泳者很容易浮起来。

死海的成因

死海的形成是由于流入死海的河水不断蒸发，矿物质大量沉积的自然条件造成的。由于气候条件的影响，湖水含盐量极高，游泳者很容易浮起来。水中只有细菌，没有其他动植物，岸边也没有花草，所以人们称之为死海。这是死海所谓"死"的由来，但近年来科学家们发现，死海湖底的沉积物中有绿藻和细菌存在。

死海不死

公元70年，罗马大军统帅狄杜攻克耶路撒冷，他下令把俘虏投入海中淹死，可是奇迹发生了，戴着脚镣手铐的俘虏在水里根本不往下沉。罗马士兵一遍又一遍地把他们投入大海，可海浪一次又一次地把他们送回岸边。

死海上渗出的盐柱

大盐库

一般海水含盐量为 35‰，死海的含盐量达 230‰ ~ 250‰。在表层水中，每升的盐分就达 227 ~ 275 克。所以说，死海是一个大盐库。据估计，死海的总含盐量约有 130 亿吨。

死海浴

在死海洗浴，人可以轻而易举地漂浮在水面上，因此，在死海上洗浴、游泳的感受非同一般。死海洗浴不仅感受独特，它对人体还有保健和治疗的功效。死海浮睡可以减轻精神压力，增进人的睡眠质量。

死海的储盐量很丰富

死海浴盐

死海古卷

死海古卷或称死海经卷是目前最古老的希伯莱圣经，"死海古卷"被称为 20 世纪最伟大的考古发现。1947 年，两个贝都因牧童在死海西北端古姆兰遗址的一个山洞里发现了一些罐子。罐内有一些羊皮纸古卷，卷上有用希伯莱语和阿拉米语这两种古犹太语写的文字。其中记述了古代犹太人丰富的文化生活，包括现存最古老的圣经手抄本。

死海古卷

并不平坦的海面——海平面

尽 管风、海底地震和潮汐总是引起海面涨落,但是人们还是认为海面是平坦的。随着人造卫星测量技术的发展,人们发现,甚至风平浪静的海面也是坑坑洼洼的。有些地区海面凸起,有些地区海面凹陷。两者最大可以相差 100 多米。但是,因为海平面凹凸的变化在 1 000 千米以上的广泛范围内逐渐变化,所以不容易被航海者察觉。

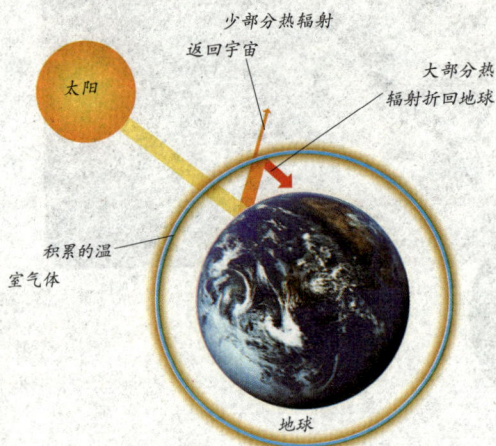

太阳
少部分热辐射返回宇宙
大部分热辐射折回地球
积累的温室气体
地球

不平衡的温室效应

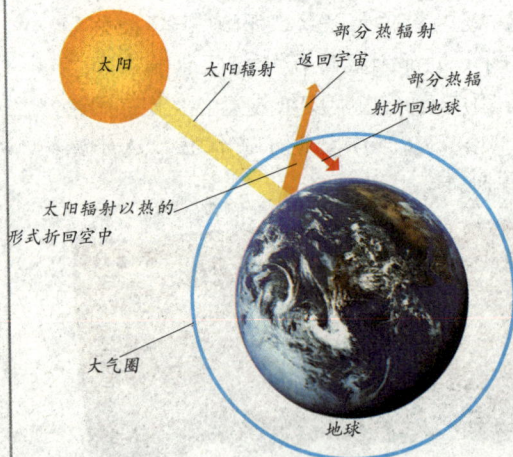

太阳
太阳辐射
部分热辐射返回宇宙
部分热辐射折回地球
太阳辐射以热的形式折回空中
大气圈
地球

自然的温室效应

温室效应对海平面的影响

海平面的高度并不是一成不变的。海平面的上升和下降对人类的生活会产生巨大的影响。影响海平面升降的因素很多。比如,温室效应使地球南极和北极的冰雪大量融化,就会引起海平面上升。地质学家告诉我们,在地球漫长发展的历史中曾经有 7 次特大的冰期,每次冰期都会引起海平面的大幅度下降。

海底的扩张速度对海平面的影响

海洋是一个开放系统,不停地与地球内部存在着水分循环和交流。由于现代地幔水陆续不断地渗入海中,而导致海平面正在以每年 1 毫米的速度上涨。海底的扩张速度是另一个影响海平面的原因。当海底板块扩张速度加快时,大洋中脊体积变大,结果使海水溢出正常的海岸线而侵入大陆内部,造成海平面上升。反之,当海底板块扩张速度变慢时,大洋中脊变冷收缩,海底下沉,海平面下降。

上升的海平面

在过去的20世纪中,海平面上升了20厘米,这是一个在过去千年中的最高速度。科学家估计,如果不采取有效措施,随着温室效应的增强,一部分冰山将会融化,2080年海平面还要上升41厘米。

海平面上升7厘米　海平面上升13厘米　海平面上升84厘米

海平面涨幅的一半都是由于海洋的热膨胀造成的,而另一半则是由于冰川融化造成的。

影响海平面不平的主要因素

影响海平面不平的两个主要因素:一是涨潮、落潮、风暴和气压高低等因素,使海面始终不能归于平静;二是海底地形的不同,也决定了海面的不平。此外,有时海面的高低还与附近巨大的山脉或山脉所组成的物质的积聚有关。这种物质的积聚,可以使其表面引力弯曲,从而形成一种动力,驱使水离开一个地区而流向另一个地区,造成了海面高低不平的现象。

海 拔

海拔是超出海平面的高度,它并不是绝对的概念。由于海面潮起潮落,没有风平浪静的时候,每天的海平面也在变化。后来,人们就想到用一个确定的平均海平面作海拔的起算面。例如珠穆朗玛峰海拔8 844.43米,就是指它高出海平面的距离是8 844.43米。

席卷一切——台风

发生在热带海洋的风暴吹越海面时,可以掀起十多米高的巨浪;它推进到岸边,会叠起一片浪墙,汹涌上岸,席卷一切。这种风暴,在亚洲东部的中国和日本,叫做台风,在美洲,叫做飓风。

台风形成的条件

热带海洋是台风的老家,台风形成的条件主要有两个:一是比较高的海洋温度;二是充沛的水汽。在温度高的海域内,正好碰上了大气里发生一些扰动,大量空气开始往上升,使地面气压降低,这时上升海域的外围空气就源源不绝地流入上升区,又因地球转动的关系,使流入的空气像车轮那样旋转起来。当上升空气膨胀变冷,其中的水汽冷却凝成水滴时,要放出热量,这又助长了低层空气不断上升,使地面气压下降得更低,空气旋转得更加猛烈,这就形成了台风。

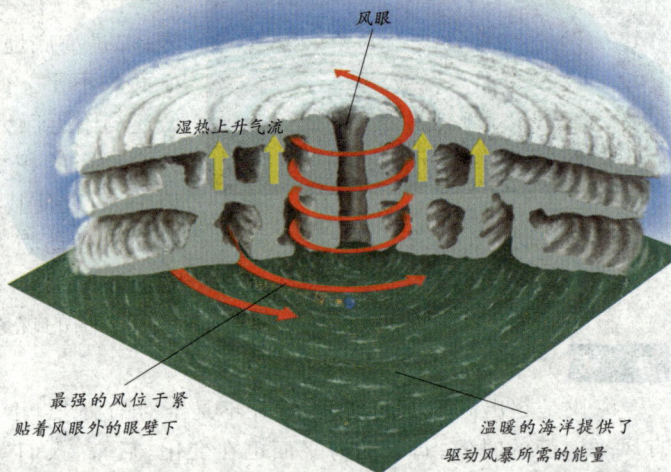

风眼

湿热上升气流

最强的风位于紧贴着风眼外的眼壁下

温暖的海洋提供了驱动风暴所需的能量

气象卫星拍摄的台风的生成过程及它在海洋上空的运动过程

台风的危害

台风经常给人类带来较大灾害，常引起建筑物及设施的破坏和倒塌，并造成车辆的颠覆、失控、无法运行，船舶的流失、沉没，电线杆的折断、损坏，树木、农作物的倒伏和落果。台风带来的强降雨还会引发山洪暴发等。2005 年 8 月，"卡特里娜"飓风袭击美国新奥尔良，造成 1 036 人遇难。

飓风将巨大的油轮冲上岸的景象

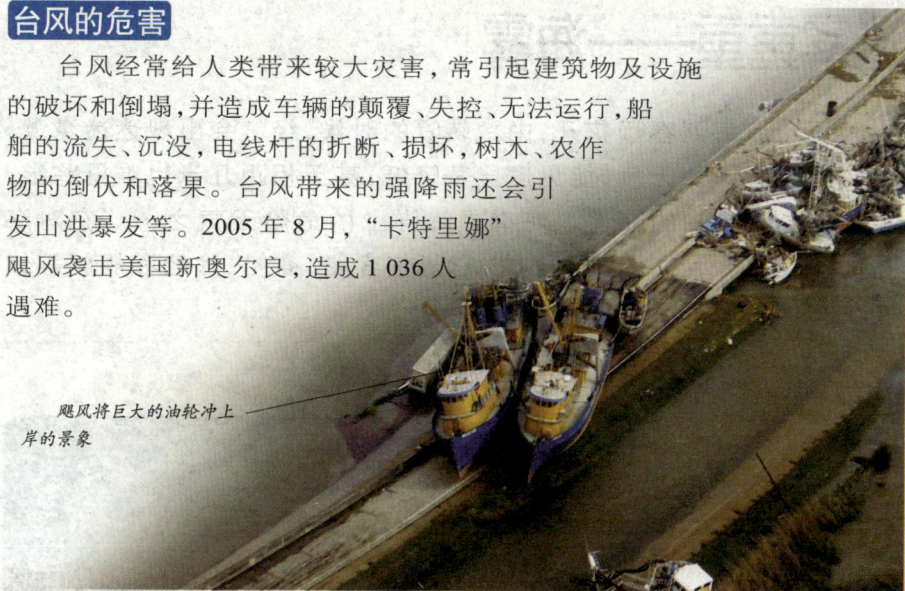

台风预警信号共分 5 级，分别是白色、绿色、黄色、红色和黑色。黑色台风信号最强，表示热带气旋 12 小时内可能影响本地，平均风力 12 级以上。

没有风的风眼

台风是热带海洋上的大风暴，它实际上是范围很大的一团旋转的空气，边转边走，四周的空气绕着它的中心旋转得很急。空气旋转得越急，流动速度越快，风速也越大。但是在台风中心大约直径为 10 千米的圆面积内（称为台风眼），因为外围的空气旋转得太厉害，外面的空气不易进到里面去，那里好像一根孤立的大管子一样，几乎是不旋转的，因而也就没有风。

水龙卷

水龙卷

水龙卷是在海上形成的龙卷风。水龙卷掠过海面时，海水被旋风卷起，看上去像灰黑色的巨蛇从大海中蹿出，这大概就是种种有关海洋怪物的传说的由来。

迷雾重重——海雾

我国沿海每到春暖花开,由冷转暖的时候,经常会出现迷迷蒙蒙、毛毛细雨的天气,能见度显著降低,甚至相距几米也难见踪影,这就是人们熟知的海雾。海雾是海洋上的危险天气之一。它对海上航行和沿岸活动有直接影响,它能使客船、商船、渔船和舰艇等偏航、触礁或搁浅。

海雾的形成条件

海雾是海面低层大气中一种水蒸气凝结的天气现象。因它能反射各种波长的光,故常呈乳白色。雾的形成要经过水汽的凝结和凝结成的水滴(或冰晶)在低空积聚这样两个不同的物理过程。在这两个过程中还要具备两个条件:一是在凝结时必须有一个凝聚核,如盐粒或尘埃等,否则水汽凝结是非常困难的;另一个是水滴(或冰晶)必须悬浮在近海面空气中,使水平能见度小于 1 千米。

被雾笼罩的海面

海雾的类型

海雾因产生的原因不同,可分成 4 种类型:平流雾、冷却雾、冰面辐射雾和地形雾。而平流冷却雾最常见,我国海区出现的海雾,主要是这种平流雾。在世界众多著名海雾区出现的海雾,也大都是平流雾。

来自西侧太平洋上的海雾乘西风经大桥进入南北向的旧金山海湾时，常常把大桥突然淹没。当雾区边缘经过大桥时，便会出现"断桥"的奇景，这就是所谓的"雾断金门"的美景。

毒雾封锁达达尼尔海峡

1995年2月13日清晨，一股黄色带有刺鼻硫磺味的浓密大雾，笼罩在黑海、马尔马拉海和爱琴海一线，这一带正是欧亚大陆的交界地区，在马尔马拉海的东西两端连接着世界上两大著名海峡：博斯普鲁斯海峡和达达尼尔海峡。这场浓密毒雾的出现，使博斯普鲁斯海峡的北口能见度下降到近乎为零，土耳其不得不暂时关闭海峡，这条十分繁忙的国际航道陷入瘫痪状态，造成海峡两端各有100多条船舶停泊待命。同时联结马尔马拉海和爱琴海的达达尼尔海峡的通道也被迫关闭，并造成有1 000万人口的伊斯坦布尔市的公路和空中交通相继中断，其影响是历史上少见的。

雾角

导航设备

每当海面出现雾、雪、暴风雨或阴霾等天气，海上能见度小于2海里时，一般常用的灯光或其他目视信号将失去作用，常用声响进行导航。用于导航的发声设备很多，有雾笛、雾钟、雾哨、雾角，等等。

"向阳红16"号考察船雾沉东海

1993年5月2日清晨，浙江舟山群岛海域薄雾缭绕，海面像蒙上了一层面纱。这个季节正值冷暖气团在东海交汇的时期，海雾阵阵由南向北袭来，整个海上雾气濛濛，能见度极差。一艘3.8万吨的塞浦路斯籍"银角"号货轮违规航行与我国国家海洋局"向阳红16"号海洋科学考察船相撞，致使"向阳红16"号右舷受损而迅速沉没，造成近亿元的经济损失，严重影响了我国向国际有关组织承诺的大洋锰结核的考察任务，有3名科考人员因舱门变形无法打开而与船体一起沉没海底。

大海的呼啸——海啸

海啸是发生在海洋里的一种可怕的灾难。当海底发生地震、火山爆发或水下塌陷和滑坡时，就会引起海水的巨大波动，产生海啸。海啸时，那高达几十米甚至上百米的海浪，不仅会掀翻海上的船舶，造成人员伤亡，还会破坏沿海陆地上的建筑。

海啸的类型

海啸是一种具有强大破坏力的海浪，可分为4种类型，即由气象变化引起的风暴潮、火山爆发引起的火山海啸、海底滑坡引起的滑坡海啸和海底地震引起的地震海啸。从受灾现场讲，海啸又可分为遥海啸和本地海啸。

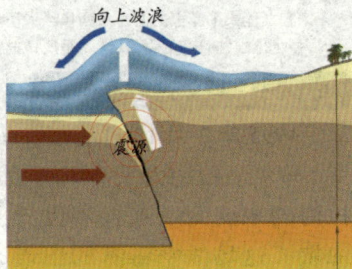

向上波浪

震源

遥海啸

有一种海啸能横越大洋或从很远处传播而来，在没有岛屿群或其他障碍阻挡的情况下，能传播数千千米并且只衰减很少的能量，使数千千米之遥的地方也遭到海啸灾害，这称为遥海啸。1960年智利发生海啸也曾使数千千米之外的夏威夷、日本遭受严重灾害。

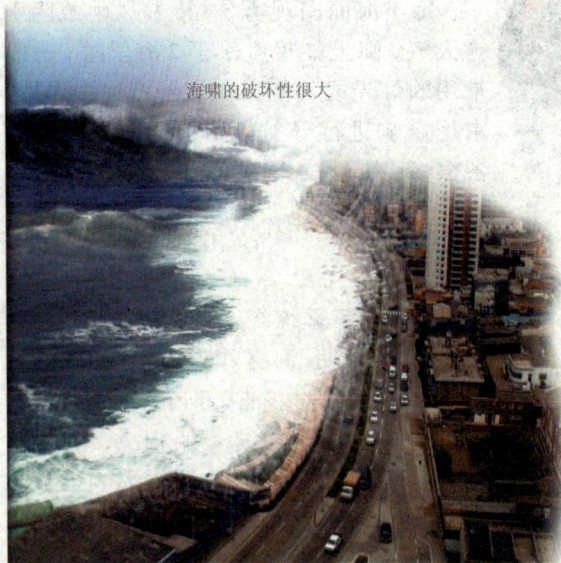

海啸的破坏性很大

本地海啸

本地海啸从地震或海啸发生源地到受灾的滨海地区相距较近，所以海啸波抵达海岸的时间也较短，有时只有几分钟，多则几十分钟。在这种情况下具有突发性的特点，危害也相当严重。通常，本地海啸发生前，往往有较强的震感或震灾发生。

破坏性的海浪

海啸是一种具有强大破坏性的海浪。它是由火山爆发、海底地震、水下塌陷和海底发生滑坡等造成的巨浪。当它们与大陆猛烈碰撞时，能吞没海边的港口、城镇乡村和农田。海啸所引起的浪高达数十米，像一堵水墙，冲上陆地，所向披靡，造成生命和财物的重大损失。

海啸发生时，巨浪越过海滩和田野，迅猛袭击岸边的城市和村庄，一刹那间，人们都消失在巨浪和海水中。

地震引发的海啸

地震发生时，海底地层发生断裂，部分地层出现猛然上升或者下沉，由此造成从海底到海面的整个水层发生剧烈"抖动"。这种"抖动"不同于平常所见到的海浪，它是从海底到海面整个水体的波动，其中所含的能量惊人。一般里氏震级大于 6.5 级的地震才能引发海啸。

海啸波长很大，可以传播几千千米，而能量损失却很小

海啸时掀起的狂涛骇浪，高度可达 10 米至几十米不等，形成"水墙"

地震海啸是海底地震引起的巨浪的总称

20 世纪的重大海啸

发生时间	发生地点	浪高	引起海啸的原因
1917 年 6 月 26 日	萨摩亚群岛	26 米	地震
1933 年 3 月 2 日	日本三陆外海	29 米	地震
1946 年 4 月 1 日	阿留申群岛	35 米	地震
1960 年 5 月 22 日	智利	25 米	地震
1964 年 3 月 28 日	阿拉斯加湾	70 米	地震
1979 年 10 月 16 日	法国尼斯	3 米	地震
1992 年 9 月 1 日	尼加拉瓜	11 米	地震
1993 年 7 月 1 日	日本	5 米	地震
1994 年 6 月 3 日	印尼东爪哇	60 米	地震
1998 年 7 月 17 日	巴布亚新几内亚	49 米	地震

白色灾害——海冰

有 "白色灾害"之称的海冰，是海洋5种主要灾害之一（其他为风暴潮、灾害海浪、赤潮和海啸）。海冰是直接由海水冻结而成的咸水冰，也包括进入海洋中的大陆冰川（冰山和冰岛）、河冰及湖冰。咸水冰是固体冰和卤水（包括一些盐类结晶体）等组成的混合物，其盐度只有2‰～10‰，物理性质（如密度、比热、溶解度、蒸发潜热、热传导性及膨胀性）不同于淡水冰。它对海洋水文要素的垂直分布、海水运动、海洋热状况及大洋底层水的形成有重要影响；对航运、建港也构成一定威胁。

海冰的分类

海冰按形成和发展阶段分为：初生冰、尼罗冰、饼冰、初期冰、一年冰和多年冰。按运动状态分为固定冰和漂浮冰。前者与海岸、岛屿或海底冻结在一起，多分布于沿岸或岛屿附近，其宽度可从海岸向外延伸数米至数百千米；后者自由漂浮于海面，随风、浪、海流而漂泊。漂浮冰又分成两种：海冰和陆冰。海冰由海水冻结而成。陆冰是大陆上的冰破裂后流入海中。海冰的体积不大，而陆冰大得像山，所以称为冰山。

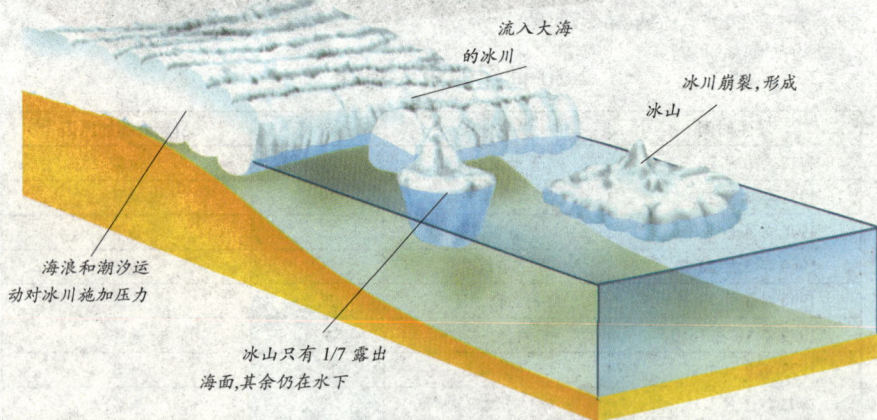

流入大海的冰川

冰川崩裂，形成冰山

海浪和潮汐运动对冰川施加压力

冰山只有1/7露出海面，其余仍在水下

冰山由冰川组成。冰川，又是由雪花堆积成的冰川冰组成的。当冰川的冰体受到海水浮力的顶拖断裂后，就形成了冰山。在极地航海家眼里，冰山是最危险的"敌人"，轮船遇到它有时会被迫停驶，一不小心还会发生碰撞事故。

罗斯冰架

罗斯冰架是一个巨大的三角形冰筏,几乎塞满了南极洲海岸的一个海湾。它宽约800千米,向内陆方向深入约970千米,是最大的浮冰,其面积和法国相当。该冰架是英国船长詹姆斯·克拉克·罗斯爵士于1840年在一次考察活动中

罗斯冰架

发现的。当时他们在坚冰中寻觅途径,来到外海时碰见一座直立的、高出海面50~60米的冰崖。该冰崖就是罗斯冰架,罗斯冰架像一艘锚泊很松的筏子,正以每天1.5 ~ 3米的速度被推到海里。

海冰的危害

海冰运动时的推力和撞击力都是巨大的。1912年4月发生的 "泰坦尼克"号客轮撞击冰山后沉没,是20世纪海冰造成的最大灾难之一。我国1969年渤海特大冰封期间,流冰摧毁了由15根2.2厘米厚锰钢板制作的直径为0.85米、长41米,打入海底28米深的空心圆筒桩柱全钢结构的"海二井"石油平台,另一个重500吨的"海一井"平台支座拉筋全部被海冰割断。可见海冰的破坏力对船舶、海洋工程建筑物带来的灾害是多么严重。

漂浮在海洋上的巨大冰块和冰山,受风和海流作用而产生的运动,其推力与冰块的大小和流速有关。

可怕的圣婴——"厄尔尼诺"现象

厄尔尼诺一词来源于西班牙语,原意为"圣婴",它是发生在太平洋赤道带大范围内的一种气候异常现象。现在,厄尔尼诺几乎成了灾难的代名词,印度尼西亚的森林大火、巴西的暴雨、北美的洪水及暴雪、非洲的干旱等都被归结到它的肆虐上。

厄尔尼诺

厄尔尼诺现象又称厄尔尼诺海流,是太平洋赤道带大范围内海洋和大气相互作用后失去平衡而产生的一种气候异常现象。正常情况下,热带太平洋区域的季风洋流是从美洲走向亚洲,使太平洋表面保持温暖,给印尼周围带来热带降雨。但这种模式每2～7年被打乱一次,使风向和洋流发生逆转,太平洋表层的热流就转而向东走向美洲,随之便带走了热带降雨,出现所谓的"厄尔尼诺现象"。

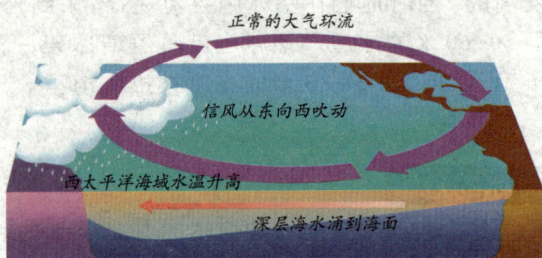

正常的大气环流
信风从东向西吹动
西太平洋海域水温升高
深层海水涌到海面
正常年份

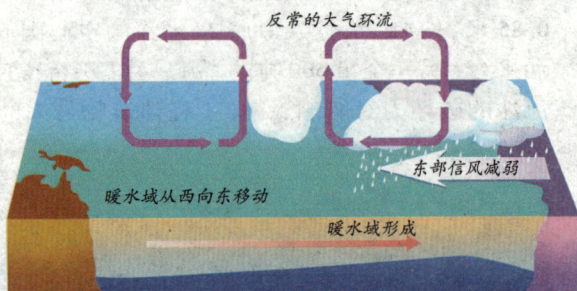

反常的大气环流
暖水域从西向东移动
东部信风减弱
暖水域形成
厄尔尼诺期间

厄尔尼诺现象带来的损失很大

周期性

厄尔尼诺现象是周期性出现的,每隔2～7年出现一次。自1997年的20年来,厄尔尼诺现象分别在1976～1977年、1982～1983年、1986～1987年、1991～1993年和1994～1995年出现过5次。

基本特征

　　厄尔尼诺现象的基本特征是太平洋沿岸的海面水温异常升高，海水水位上涨，并形成一股暖流向南流动。它使原属冷水域的太平洋东部水域变成暖水域，结果引起海啸和暴风骤雨，造成一些地区干旱，另一些地区又降雨过多的异常气候现象。

厄尔尼诺现象造成非洲草原上的干旱现象

厄尔尼诺现象造成的北美暴雪天气

厄尔尼诺现象的危害

　　厄尔尼诺现象的危害性非常严重。它曾使南部非洲、印度尼西亚和澳大利亚遭受过空前的旱灾，同时带给秘鲁、厄瓜多尔和美国加州的则是暴雨、洪水和泥石流。由于厄尔尼诺现象给全球带来巨大的灾难，这种现象已成为当今气象和海洋界研究的重要课题。

"拉尼娜"现象

　　"拉尼娜"的字面意思是"圣女"，它也被称为"反厄尔尼诺"现象。拉尼娜是赤道附近东太平洋水温反常变化的一种再现现象，其特征恰好与"厄尔尼诺"相反，指的是洋流水温反常下降。拉尼娜与厄尔尼诺现象都已成为预报全球气候异常的最强信号。从 20 世纪初到 1992 年期间，拉尼娜现象共发生了 19 次，每 3 ～ 5 年发生一次，但也有时间间隔达 10 年以上的。拉尼娜多数是跟在厄尔尼诺之后出现的，前述 19 次拉尼娜现象，有 12 次发生在厄尔尼诺年的次年。

厄尔尼诺现象引起的森林大火

海洋中的生灵
海洋生物

浩瀚的海洋是孕育生命的摇篮。从海洋中出现最原始的生命开始，到现在已有40多亿年的历史了。从最初的单细胞生物（如盐生小球藻）到地球上现存的最长、最重的庞然大物（如蓝鲸），几十亿年的生命演化过程创造出了丰富多彩的海洋生物世界。

生命的摇篮——海洋

原始的海洋中没有生命,只有丰富的无机物。大约在38亿年前,最原始的细胞在海洋中诞生,其结构和现代细菌很相似。经过了约1亿年的进化,海洋中的原始细胞逐渐演变成为原始的单细胞藻类,这大概是最原始的生命。由于原始藻类的繁殖,并进行光合作用,产生了氧气和二氧化碳,为生命的进化准备了条件。这种原始的单细胞藻类又经历亿万年的进化,产生了原始水母、海棉、三叶虫、鹦鹉螺、蛤类、珊瑚等。它们有的在海洋里进化,有的在海洋里灭绝,有的生存至今。

生命的迹象

在火山活动、雷电、太阳紫外线以及高温高压的作用下,海洋里的甲烷、氨气、氢气等无机物被聚合成多种氨基酸(氨基酸是组成蛋白质的最重要的物质),而这多种氨基酸,在常温常压下,可能在局部浓缩,再进一步成蛋白质。蛋白质和其他的多糖类以及高分子脂类,在一定的条件下就有可能孕育成生命。

5.7亿年前,前寒武纪时期(太古代和元古代)

5.7亿~5.1亿年前(寒武纪),海洋动物开始出现,许多硬壳类动物成了今天的化石

三叶虫

4.09亿~3.63亿年前(泥盆纪),各大陆开始移动,昆虫和两栖动物出现

5.1亿~4.09亿年前(奥陶纪和志留纪),是海洋生物的繁盛时期,早期的鱼类出现了,陆生植物和陆生节肢动物也出现了

大约 164 万年前出现了冰期，人类开始进化

易于生存

海洋是一切生命的摇篮，和陆地相比，海洋的变化很小，没有干旱，温度变化不大，风雨影响也小，原始生命在海洋里更容易生存。

达尔文

19 世纪英国杰出的生物学家达尔文，找到了生物发展的规律，成为进化论的奠基人，他的《物种起源》对近代生物科学产生了巨大而深远的影响，具有划时代的意义。

6 500 万～164 万年前（第三纪），哺乳动物和鸟类取代了灭绝的恐龙和其他大型爬行类动物，气候开始变冷

达尔文

1.46 亿年前～6 500 万年前（白垩纪），大多数现代大陆已经从泛大陆中分裂出来，这一时期是爬行动物的天下，被子植物开始出现

天外来客

从现在的研究成果看，普遍认为生命起源于海洋。但也有人认为生命来自于地球之外，是彗星的功劳。因为在彗星里含有大量的有机分子，不仅含有固态的水，还有氨基酸、乙醇、嘌呤、嘧啶等有机化合物，生命有可能在彗星上产生而带到地球上，或者在彗星和陨石撞击地球时，由这些有机分子经过一系列的合成而产生新的生命。

2.5 亿～1.46 亿年前（三叠纪和侏罗纪），泛大陆开始分裂。哺乳动物、鸟类出现

3.63 亿～2.5 亿年前（石炭纪和二叠纪），泛大陆时期。爬行动物和昆虫生活在森林中

最早的海洋动物——低等海洋生物

古老而原始的生命在经历前后近 20 亿年的进化之后，到距今约 19 亿年前开始出现第一次繁荣，其标志是细菌与蓝藻的大发展，并且出现了真核生物。真核生物的出现标志着生命细胞结构的完善，现代生命都是从 19 亿年前真核生物出现的原点上辐射进化而来的。

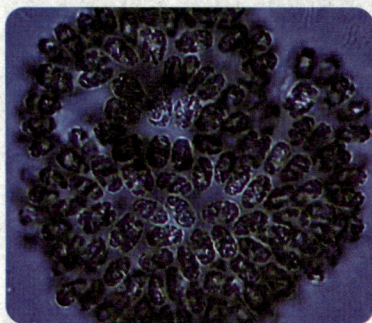

蓝藻

原核生物

距今约 32 亿年前，在原始海洋里，已经出现了细菌和简单藻类的单细胞生物。如至今还广泛生活的蓝藻，仍然保留着当初那种原核生物状态。蓝藻的细胞里含有叶绿素，能够进行光合作用，合成蛋白质，放出氧气。

低等动物的兴起

藻类进行光合作用，放出大量氧气，地面上形成臭氧层，减弱了日光中紫外线对生物的威胁，使水生生物有可能发展到陆地上来，也为低等动物的兴起提供了食物。

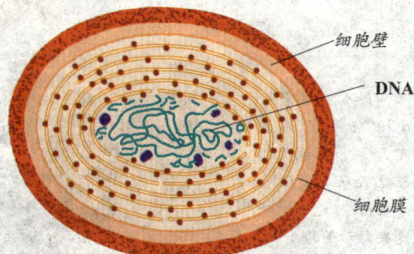

细胞壁
DNA
细胞膜
蓝藻细胞结构

有孔虫

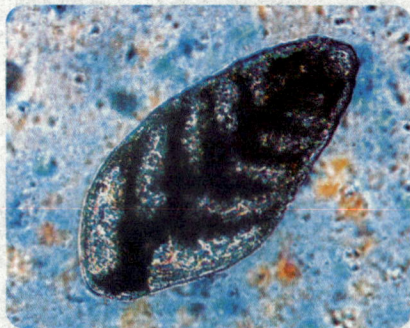

有孔虫

有孔虫是一类古老的原生动物，5 亿多年前就产生在海洋中，至今种类繁多。由于有孔虫能够分泌钙质或硅质，形成外壳，而且壳上有一个大孔或多个细孔，以便伸出伪足，因此得名有孔虫。有孔虫是海洋食物链的一个环节，它的主要食物为硅藻以及菌类、甲壳类幼虫等，个别有孔虫的食物是砂粒。有孔虫是浮游生物中重要的组成部分，也是大多数海洋生物重要的食物来源。

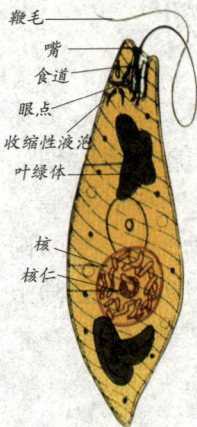

鞭毛
嘴
食道
眼点
收缩性液泡
叶绿体
核
核仁

眼虫

单细胞生物

　　有的有鞭毛的单细胞生物，如裸藻，能利用鞭毛的转动在水中运动，它还有个能感光的眼点，因此人们叫它眼虫，说它是动物。但是它又有叶绿素，能利用阳光进行光合作用，为自己制造食物，又是毫不含糊的植物。这种既像动物又像植物具有双重性的现象，充分证明了动植物的共同祖先，就是如同眼虫之类的远古时代的原始单细胞生物。

核膜
细胞核
核仁
高尔基体
线粒体
细胞质
质膜

真核细胞

真核生物

　　到距今18亿～13亿年前这一段时间里，出现了有细胞核的真核生物——绿藻等。以后又有了红藻、褐藻、金藻……它们组成了绚丽多彩的藻类世界。

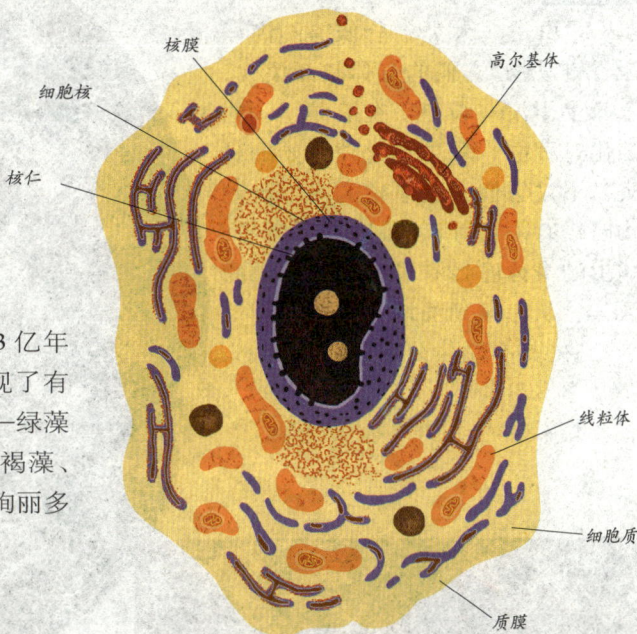

狄更逊水母化石

动、植物分家

　　由于细胞结构的不断分化，导致了营养方式上的一分为二：一支发展自己具有制造养料的器官(如叶绿体)，朝着完全"自养"方向发展，成了植物；另一支则增强运动和摄食本领以及发达的消化机能，朝着"异养"方向发展，成了动物。

最早的海洋动物——无脊椎动物

最早在海洋里出现的动物是无脊椎动物。1.3 亿 ~ 5 亿年前，地球上浅海广布，水生动物大发展，成为无脊椎动物的全盛时期。这些水生动物的最大特点是细胞有了分工，从而形成了各种器官。这时的海洋世界热闹非凡。这些生活在海洋里的动物，以后又向陆地上的江河湖泊和沼泽过渡，最终发育出气管、肺、翅膀等适应陆上呼吸和飞行的器官，终于登陆上岸繁衍生息，这就为后来陆生脊椎动物的出现开辟了道路。

蠕 虫

蠕虫是一大类十分低等的海洋无脊椎动物。它们的身体长而柔软，全身上下没有骨骼。在海洋生物的演化过程中，蠕虫是比较原始的种类。不过它们比更原始的多细胞动物已经有了划时代的进步。那就是，蠕虫的身体已经有了前端和后部的区分。从海洋到陆地，从咸水到淡水，到处都有蠕虫分布。

最近，在太平洋加拉帕戈斯群岛附近的深海中，发现了一种深海蠕虫。它们生活在 2 500 米的大海深处，体长有 3 米，令人惊奇的是它们竟然没有口和消化系统。

深海蠕虫

三叶虫

三叶虫是一种已经灭绝了的节肢动物，全身分为头、胸、尾三部分，背甲坚硬，被两条纵向深沟割裂成大致相等的 3 片，所以叫做三叶虫。它们生活在远古海洋中，主要出现在寒武纪，延续到二叠纪末期时灭绝。三叶虫既会游泳，又善于爬行，所以从海底到海面，都在它的势力范围之内。

三叶虫化石

三叶虫复原图

菊石化石均产于浅海沉积的地层中，并与许多海生生物化石共生。

菊 石

菊石是一种已经灭绝了的软体动物，它们最早出现在古生代泥盆纪初期，繁盛于中生代，广泛分布于世界各地的三叠纪海洋中。菊石是由鹦鹉螺（现在仍然存活在深海中）演化而来的，与鹦鹉螺的形状相似，体外有一个硬壳，主要成分为碳酸钙，大小差别很大，壳为几厘米或者十几厘米，最小的仅 1 厘米，最大的比农村的大磨盘还要大。壳的形状也是多种多样，有三角形的、锥形的和旋转形的，等等。旋转形的壳在菊石中占绝大多数。

海 绵

海绵是最简单的无脊椎动物，由一群无差别的细胞组成。海绵的体壁有内、外两层，海水从它们的身体里通过时，其中的微生物和氧气就被吸收了。大多数海绵具有骨架，有些海绵的骨架由硅构成，且比光缆构造更加完美，可以说是大自然首先"发明"了光缆。

海绵

91

五光十色——软体动物

海螺、扇贝、牡蛎、珍珠贝、鹦鹉螺等等,这些生活在海中的贝类,都长着色彩纷呈、形状各异的壳,看上去非常坚硬,事实上,它们都属于软体动物。它们柔软的身体表面有一层外套膜,能产生富含钙质的液体,贝类的外壳就是这样形成的。

借力而行

绝大部分海贝都不会游泳,它们攀附在海边的岩石、珊瑚礁上,或是将身体埋进沙中栖息。很多贝类还贴在海龟、海蟹的壳上,或是贴在海船壁上,随着它们四处漂泊。

海螺

倾听大海的声音

人们常有这样的实践,将耳朵凑近海螺口,就能听到大海的声音。其实不是海螺有海浪声,那是因为海螺是个涡旋体,当周围的空气流动时就会在海螺口形成涡流,因而产生"嗡嗡"的声音。

海兔头部很发达,有一对触角和一对嗅角,末端卷曲成类似耳朵的形状,它的眼睛位于嗅角的外侧

海 兔

海兔是一种与陆地上的兔子相去甚远的海洋软体动物。它们的色彩十分艳丽,身体柔软,软体部分肥厚而扁平。它们能分泌出一种剧毒的化学物质,危急时刻释放出这种带酸味的乳状液体,麻痹天敌的神经系统。当海兔遇见天敌时,还会释放出紫红色的烟幕,迷惑对手,让自己安全逃逸。

扇　贝

扇贝是海中唯一会"游泳"的贝类。遇到敌人时,它会迅速从壳中喷出一股强劲水流,借助水流的反作用力,扇贝能在瞬间逃离。

扇贝

棘刺牡蛎的双壳上长满了硬刺。当遇到危险时,它会"啪"的一声合上两瓣贝壳,将尖锐的棘刺对准袭击者。这时的入侵者即使再饥饿,也只能望而却步了

牡蛎与珍珠

美丽的珍珠是用海贝的痛苦换来的。当沙砾进入牡蛎等海贝的壳里,牡蛎的套膜就会分泌一种叫珠母的物质来包裹沙砾,以抵御沙砾摩擦肉体时产生的疼痛。当覆盖沙砾的珠母足够厚时,珍珠便形成了。

砗磲的外套膜极为绚丽多彩,不仅有孔雀蓝、粉红、翠绿、棕红等鲜艳的颜色,而且还有各色的花纹

砗磲蛤

过去常常传说有潜水者被巨砗磲蛤捉住的故事,这真是天大的冤枉。尽管巨砗磲蛤强而有力的肌肉将双壳完全合住时,几乎没有人可以将它分开,但是因为它的边缘总是覆盖了厚厚的一层藻类,所以根本无法完全闭合。而且它关闭时的速度非常慢,即使不小心把脚放了进去,也完全来得及从容抽出。

在壳里游来走去——头足类动物

在无脊椎动物里,体型最大的、游得最快的和头最大的都是头足类动物。远古头足类动物的壳是凸出的,现在缩小了很多。这种海洋动物的共同特点,是由一个管子(体管)连在一起的多室外壳,并且都生活在海洋中。

科学家发现,现存的几种鹦鹉螺的贝壳上的波状螺纹具有树木一样的性能。螺纹分许多隔,虽宽窄不同,但每隔上的细小波状生长线在 30 条左右,与现代一个朔望日(中国农历的一个月)的天数完全相同。

鹦鹉螺

鹦鹉螺是现存最古老、最低等的头足类动物。头足类动物在古生代志留纪地层中的种类特别繁多,达 3 500 余种,它们都有着不同形状的贝壳,但绝大多数种类都已经灭绝了。生存至今的只有鹦鹉螺、大脐鹦鹉螺和阔脐鹦鹉螺 3 种,所以被称之为"活化石"。

章鱼

章鱼生活在海底或者藏在岩石的缝隙里,通过 8 只条腕(触角)爬行或者游泳,也可以借助于身体前方的漏斗喷水时的推动力在海底任意行动。

章鱼又名"八爪鱼",它的 8 条触手可以自由收缩,而且每条触手上都有两排肉质吸盘,能有力地控制猎物。

能"颜"善"变"

头足类动物可用身体和腕的移动以及身体颜色的变化来互相沟通。它们的皮肤下有很多色素细胞，而色素的分量及分布则由满布于四周的肌肉细胞所控制，使头足动物身体的颜色可以在数秒间变化。

乌贼是海洋生物中游泳速度较快的一种。

乌 贼

乌贼又叫墨鱼，生活在远洋深海里。它有一套施放烟幕的绝技，体内有一个墨囊，其中的墨腺能够分泌墨汁。遇到危险，墨囊收缩，放出墨汁欺骗敌人，自己趁机溜之大吉。有一些乌贼是动物里最会变色的，通过变色来伪装自己，或者吸引配偶、或者吓退竞争者。

枪乌贼是鱿鱼的一种，其躯干部较其他鱿鱼更肥大

以退为进

乌贼头部还有一个漏斗，不仅是生殖、排泄和墨汁的出口，还是重要的运动器官。当它紧缩身体时，口袋状身体里的水就能从漏斗中急速喷出，借助反作用力迅速前进。由于漏斗平时总是指向前方，所以乌贼后退就是前进。

抹香鲸

大王乌贼

鱿 鱼

鱿鱼与乌贼是亲戚，它的头部两侧有一对发达的眼睛，颈部很短，体内的两片腮是它的呼吸器官。鱿鱼是海洋里的顶级游泳健将，流线型的身体，一侧长有鳍，它通过拍打鳍可以向头部或者尾部的方向飞，还会喷出水来帮助自己更快速地移动。大多数鱿鱼生活在远海，有一些住在深海里。大王乌贼是最大的鱿鱼，体长可达21米，甚至更大。它的嘴部能够抓紧钢缆，加上强而有力的触须，很多海洋生物都难逃它的"魔掌"。有时，就连体型巨大的抹香鲸也不放过，但大多以抹香鲸胜利而告终。

晶莹剔透——腔肠动物

腔肠动物全部生活在水中,是构造比较简单的一类多细胞动物。腔肠动物的身体由内胚层和外胚层组成,因其由内胚层围成的空腔具有消化和水流循环的功能而得名。腔肠动物是真正的双胚层多细胞动物,在动物进化史上占有重要地位,所有高等的多细胞动物都被认为是经过这种双胚层结构而进化发展生成的。腔肠动物只有一个口孔与外界相通,进食与排泄都由这个口进出。常见的腔肠动物有海蜇、海葵、珊瑚等。

特殊的细胞

腔肠动物具有两种特殊的细胞,一种叫间细胞,一种叫刺细胞。间细胞可以变化形成其他细胞,如形成肌肉细胞、神经细胞等。刺细胞是一种可以放出刺丝,具有捕杀猎物和防御敌害功能的细胞。

未释放刺丝
时的状态

珊瑚礁

每一年,在死去的珊瑚的尸骸上又会长出新的珊瑚,这样不断循环下去,不久就会形成一大片的珊瑚礁。尽管珊瑚礁在全球海洋中所占面积不足 0.25%,但有超过 1/4 的已知海洋鱼类却靠着珊瑚礁生活。

释放刺丝
时的状态

在海底世界,珊瑚礁享有"海洋中的热带雨林"和"海上长城"等美誉,它被人们认为是地球上最古老、最多姿多彩,也是最珍贵的生态系统之一。

海 葵

  海葵一般为单体，没有骨骼，身体呈圆柱形。一端有口，呈裂缝形，周围部分有几圈触手；另一端附着于海中岩石或其他物体上。因外形似葵花而得名。它利用触手上的刺细胞使鱼麻痹，但海葵鱼常在海葵中间穿梭游动，却丝毫不在乎这一点，因为它们的皮肤可分泌出一种具有保护作用的黏液，使它们在海葵丛中畅通无阻。

海葵的口

海葵的触手上面长着有毒的刺细胞

海葵鱼

长寿之葵

  最近，科学家发现海葵的寿命大大超过海龟、珊瑚等寿命达数百年的物种，是世界上寿命最长的海洋动物。他们对 3 只采自深海的海葵进行测定，发现它们的年龄竟达到 1 500 ~ 2 100 岁。

海葵

互惠互利

  海葵除了依附在岩礁上，还会依附在寄居蟹的螺壳上。这样寄居蟹四处游荡，会使得原本不动的海葵随之走动，扩大了它的觅食领域。对寄居蟹来说，一则可用海葵来伪装；二则由于海葵能分泌毒液，可杀死寄居蟹的天敌，使得海葵和寄居蟹双方都得到好处。

寄居蟹

五花八门——海棘皮动物

海棘皮动物是身体表面有许多棘状突起的一类海洋动物。身体不分节，形状多样，有星形、球形、圆筒形或树枝状的分支等。海星、海胆、海参都是棘皮动物。

海 星

大多数动物的两侧对称，即身体左右两侧的器官完全相同。而海星却与众不同，它的身体都是呈放射状，像星星一样，海星即因它的外形而得名。绕着海星身体的中心圆盘，伸展着5条或更多的腕。不同颜色的"五角星"轻伏在海底，看上去格外漂亮。

海星不会游泳，它依靠腕在岩石、海底或海床上爬行

大多数海星有5条腕，但也有些种类有40多条

温柔的一面

尽管海星是一种凶残的捕食者，但是它们对自己的后代却温柔备至。海星产卵后常竖立起自己的腕，形成一个保护伞，让卵在内孵化，以免被其他动物捕食。孵化出的幼体随海水四外漂流，以浮游生物为食，最后成长为海星。

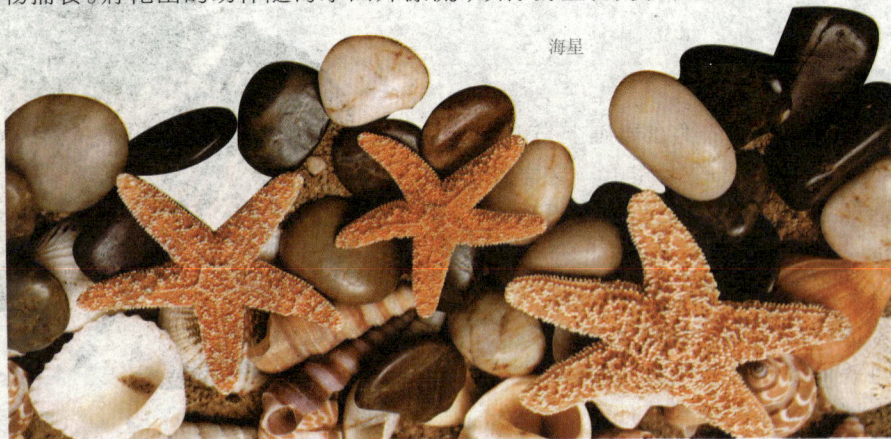

海星

海胆

海　胆

　　海胆，别名刺锅子、海刺猬，体形呈圆球状，就像一个个带刺的紫色仙人球，因而得了个雅号——"海中刺客"。渔民常把它称为"海底树球""龙宫刺猬"。世界上现存的海胆约有850多种，我国沿海约有150多种。常见的如马粪海胆、大连紫海胆、心形海胆、刻肋海胆等。

海　参

　　海参生活在浅海海底。全世界约有500多种，我国沿海常见的有60余种。其中大多数种类能食用，有很高的营养价值，素有"海中人参"之称。 海参呈圆柱状，一般长达30～40厘米，前端有口，口旁有20只触手，后端有肛门。遇到危急情况时，海参常常把内脏排出体外，自己则趁机溜走。经过几个星期的休养生息，一套新的内脏器官又会重新在它的体内形成。

海参的形状就像一根"黄瓜"，所以它又叫"海黄瓜"。

海洋中的百合花

　　在幽深的海底，生长着一种"植物"，形态同百合花那样美丽，人们叫它"海百合"。但它并不像陆地上的百合花一样是植物，它和海葵一样也是十分凶残的动物。不过它的漂亮外表倒是和百合花相近，因此人们给它起了个植物的名字。

海百合

顶盔戴甲——海洋里的甲壳类动物

甲壳类动物都有分节的身体，身体外面有硬壳。腿一般分节，而且左右成对。腿可以用来走路、游泳、捕食，上面还有鳃，用来呼吸。甲壳类动物大约有4万种，大部分居住在海里。

藤壶

藤壶

藤壶是附着在海边岩石上的一簇簇灰白色、有石灰质外壳的小动物。它的形状有点像马的牙齿，所以生活在海边的人们常叫它"马牙"。藤壶不但能附着在礁石上，而且能附着在船体上，任凭风吹浪打也冲刷不掉。藤壶在每一次脱皮之后，就要分泌出一种黏性的藤壶初生胶，这种胶含有多种生化成分和极强的黏合力，从而保证了它极强的吸附能力。

螃蟹

螃蟹的躯体由头部、胸部和腹部构成，头部常与胸部合称头胸部。螃蟹体外有一层外壳用以保护身体，它们大多数生活在水中，以腮或皮肤表面进行呼吸。蟹的腹部缩藏在胸部下面(雄窄雌宽)，通常称为脐。

据说，当潮水将要上涨时，它们会举起艳丽的大螯以示欢迎，故名"招潮蟹"

螃蟹的8只脚都与头胸部连接着，不能转动方向。它们脚的关节只能向下弯曲，向左右移动，而不能向前爬。

绝对的下潜优势

对虾具有超常的深潜能力，它们可以下潜至6 300米左右的深海中，而人类依靠水下呼吸器最深也只能下潜至约133米。

磷虾具有集群生活的习性。这也许是一种本能反应，以便它们在遇到天敌或恶劣环境时能够相互照应，求得生存。

海里的"萤火虫"

磷虾外表呈金黄色，体内有微红色的球形发光器。每当夜晚来临的时候，成群的磷虾在受到惊吓急速逃窜时能散发出一种美丽的蓝色磷光，因此得名磷虾。在深蓝的大海里，磷虾就像陆上的萤火虫一样。

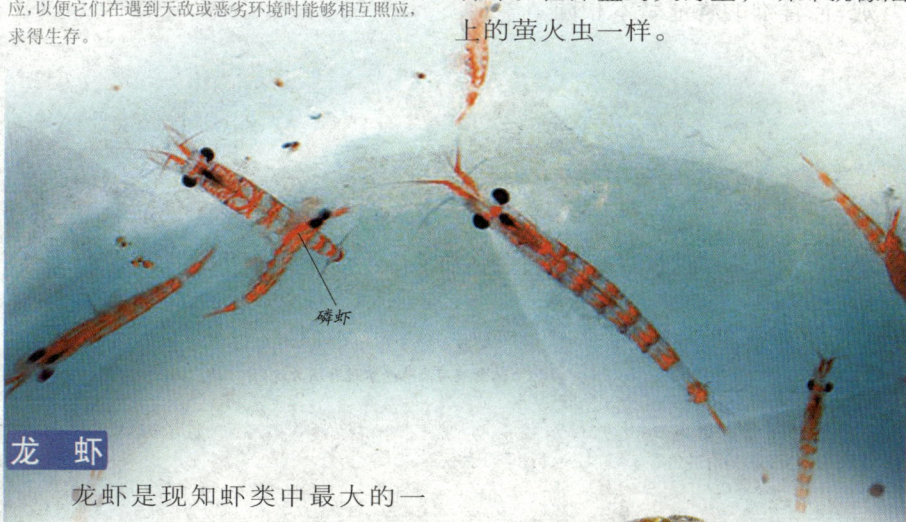

磷虾

龙　虾

龙虾是现知虾类中最大的一类。龙虾体表披一层光滑的坚硬外壳，体色呈淡青色或淡红色，体长约40厘米，体重可达1千克左右。龙虾的头胸甲背面前部有4条脊突，居中的两条比较长和粗，从额角向后伸延；另两条较短小，从眼后棘向后延伸。这4条脊突是该虾与淡水螯虾区别的显著特征。

龙虾

千奇百怪——鱼类

鱼类的生存空间比其他动物大得多，因为地球上 70%的地方是水。从浩瀚的大洋到涓细的溪流，只要有水的地方就有鱼类的存在。鱼类是依靠鳃来呼吸的唯一物种，这也是最简单的判断一种动物是不是鱼的方法。但有一个例外，非洲的肺鱼是从空气中得到所需要的大部分氧气。目前已知鱼类达 18 000 多种，有的色彩斑斓，有的丑陋龌龊，它们构成了五彩缤纷、生机勃勃的水下世界。

脊椎的先驱

文昌鱼并不是真正的鱼，它没有脊椎骨，只有一条纵贯全身的脊索作为支撑身体的支柱，这种支柱是脊椎的先驱。在它以后发展起来的动物，像鱼啊、鸟啊、兽啊，以至于人都是脊椎动物。这些脊椎动物的器官和机能千差万别，但脊椎的构造基本相同。

鱼类的身体一般分头、躯干和尾三部分。它们用鳃呼吸，用鳍保持身体平衡及变化行进方向。大多数鱼体表有鳞，皮肤可以分泌黏液，有的鱼具有毒腺，是攻击和防卫的武器。

文昌鱼

在我国东南沿海一带海域，至今还生活着一种身体半透明的小动物，因为首先在我国文昌县发现，所以叫它文昌鱼。达尔文曾把这称为"最伟大的发现"，因为它"提供了揭示脊椎动物的钥匙"。

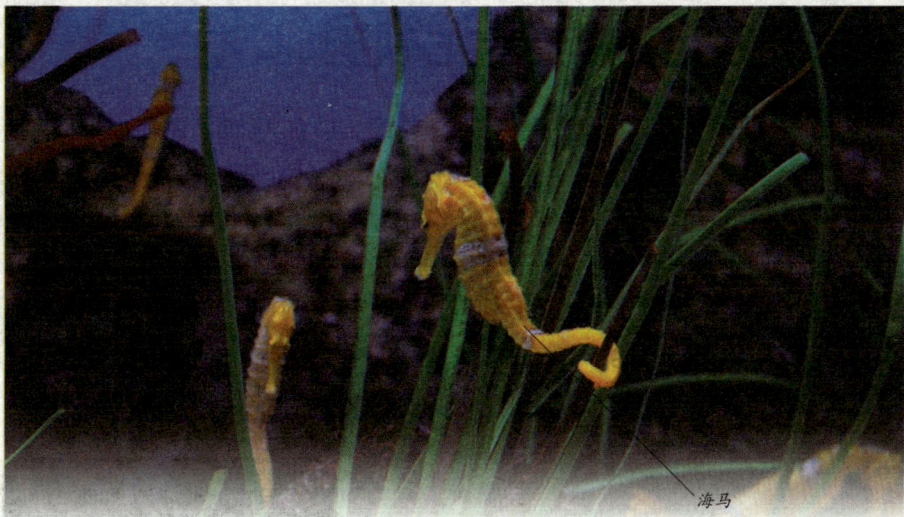

海马

海 马

你可能觉得海马不是鱼，但它的确是一种特殊的鱼。大多数动物都是由雌性生育新的生命个体，而海马家族的新生命却全部是由海马爸爸来生育的。人们以为鱼在游泳时，总是头朝前尾朝后的，但是海马却是将身子垂直在水中，头朝上尾在下做直立游泳的，这也给海马的捕食带来一些不便。但我们不用担心，海马忍饥挨饿的本领非常强，往往三四个月不吃东西也不会饿死。

弹涂鱼

弹涂鱼是一种非常奇特的鱼类，长得像小泥鳅，长5～9厘米，体侧扁，无鳞，淡褐色的头上有斑点，簇簇如星。它可以同时适应水中和陆地上的生活。弹涂鱼没有肺，它们用喉部内那些发达的毛细血管呼吸。

由于长期在陆地上生活，弹涂鱼的腹鳍演化成了吸盘，可以让它们牢固地待在一个地方。

最原始的鱼类——无颌鱼

无颌鱼是最原始的鱼类,头部没有颌,口如吸盘,还不能咀嚼食物,主要靠滤食海洋中的生物或微生物(如有些鳗鱼,它们都有黏且滑的皮肤,游泳不是很好。它们的嘴像吸盘,长着许多小牙。它们吸附在其他鱼类身上,用牙齿锉肉吃)。这些鱼身上披着骨质的甲片,头部颌头后侧的结构还没有分开,活动不十分方便,在躯干部没有胸鳍和腹鳍出现,多数生活在水里,因为身体像鱼形动物,所以被称为无颌鱼类。

鳗

鳗有着像蛇一样细长的身体,它的全身呈长管状,上下颌上长着尖锐的牙齿。晴天,风平浪静,海水透明度大时,它们大多停留在泥质洞穴内,减少取食活动。而当风浪大,水质混浊时,它们才出来四处觅食,尤其在日落黄昏至凌晨这段时间里更加活跃。

鳗鱼

鳗的种类约有600多种,分布于印度洋和太平洋,一般有季节性洄游。

电 鳗

鳗鱼中有一个特殊的成员——电鳗,电鳗可以在瞬间集聚全身的能量,以此产生600伏以上的电压,用于捕食猎物和自卫。

盲鳗

在堪察加半岛海域,有一种盲鳗,它是世界上唯一用鼻子呼吸的鱼类。盲鳗的双眼天生长着一层皮膜,但是它的头部长有感受器,而且全身也长满了超感觉细胞,能比较正确地判定方向、分辨物体,这对盲鳗的捕食和避敌都大有用处。盲鳗体表有特殊的腺体,能产生厚厚的黏液,遇敌时,它把周围海水黏成半透明的一团,并迅速改变自己的体型,在敌人正为这种黏液迷茫时,盲鳗早已趁机逃之夭夭了。

盲鳗不像七鳃鳗那样会攻击活的鱼类,而是以鱼类的尸体或被网捕到已衰弱的鱼类为食。经常从食饵的鳃或口腔进入,并将其整体吃掉。

七鳃鳗的嘴

七鳃鳗被认为是地球上某种最早期的脊椎动物——无颌类的一种极度异化了的孑遗。

七鳃鳗

在这些鱼中,七鳃鳗最为著名,它们没有鳞片,细长的体型圆圆的,很像鳗鱼。七鳃鳗只有一个鼻孔,位于头顶两眼之间。它的眼睛后面身体两侧各有 7 个鳃孔,这就是它叫做"七鳃鳗"的原因。七鳃鳗通过带吸盘的嘴附在别的鱼身上,以吸食寄主的血液为生。有时,七鳃鳗在宿主尚未死亡之前就放弃了它并另寻新的受害者;也有的时候,七鳃鳗会一直寄生在这条鱼体内直到它血枯身亡为止。

被七鳃鳗吸食过的鱼

洞鳗

不会游泳的洞鳗

洞鳗生活在水中却不会游泳。在印度洋的马尔代夫群岛水域,洞鳗生活在沙窝里,觅食方式是从洞中探出半个身体,张开大口,吞食随水浮动的浮游生物或小动物。

海上飞行物——软骨鱼类

颌 和鳍的发育演化相当成功，包括鲨类和鳐类，只是内部骨骼为软骨。在距今 4.5 亿年前的志留纪地层中发现了最早的软骨鱼化石，至今仍有软骨鱼类存在。

鲨鱼的近亲——鳐

鳐鱼又名"平鲨"。它们身体扁平，生活在热带水域，头和躯体没有界限，周围由胸鳍张开与头侧相连，呈圆形、菱形或扇形。多数种类的鳐鱼，尾巴像鞭子一样细长，没有臀鳍，尾鳍也已经退化，游泳的时候利用胸鳍做波浪形的运动前进。

鱼 翅

绝大多数的鱼都有一个充满气体的囊，叫做鳔，它使鱼能够在水中沉降、上浮和保持固定位置。只有鳐鱼和鲨鱼没有这个器官。它们在海水中升降主要依靠鳍，因而它们的鳍十分发达。鳐鱼的鳍内都是软骨，所以可以食用。大众常说的鱼翅，主要来源就是鲨鱼与鳐鱼的鳍和尾。

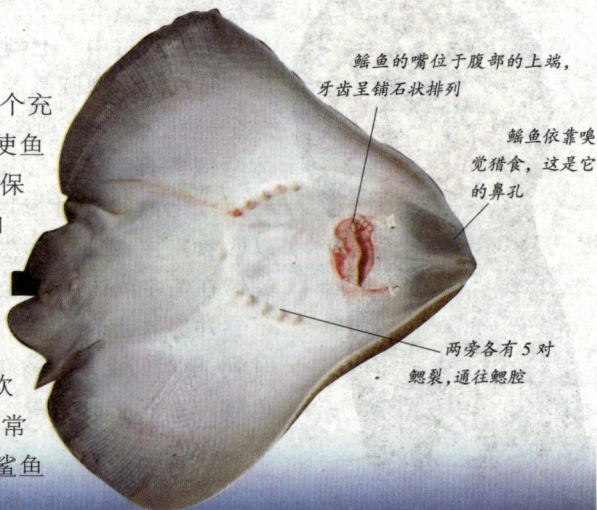

鳐鱼的嘴位于腹部的上端，牙齿呈铺石状排列

鳐鱼依靠嗅觉猎食，这是它的鼻孔

两旁各有 5 对鳃裂，通往鳃腔

海上的不明飞行物

蝠鲼是鳐鱼中最大的种类。虽然它没有攻击性，但是在受到惊扰的时候，它的力量足以击毁小船。和其他种类的鱼不同，蝠鲼专吃小型的浮游生物，张开大口，和水一起吞下，滤过海水而食。蝠鲼成鱼的体长可达7米，体重有500千克，可是它能做出一种旋转状的跳跃。随着旋转速度越来越快，蝠鲼迅速上升，跳出海面。蝠鲼一般能跳出水面1.5米。由于它体态十分笨拙，落入水面的声音像开炮一样。至于蝠鲼为什么要跳出水面，至今仍是一个谜。

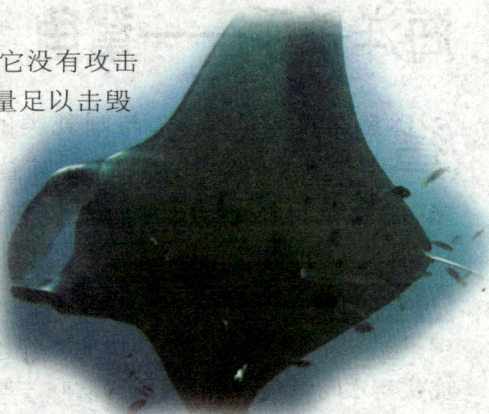

蝠鲼的身体略呈菱形。尽管蝠鲼有一张50厘米宽的大嘴，可蝠鲼却是一种非常温和的动物。蝠鲼游泳时，扇动着三角形胸鳍，拖着一条硬而细长的尾巴，像在水中飞翔一样。

电鲼攻击敌人时，用头部的特殊肌肉可以产生200伏特的电压

如此先进

电鲼喜欢潜伏在海底泥沙里，饥饿时才从泥沙里钻出来，它觅食时的绝招是游进鱼虾群中频频放电，待对方被麻晕不能游动时，再痛快地饱餐一顿。如果遇有敌人来攻击时，它也依靠放电进行自卫。

鳐鱼

海洋杀手——鲨鱼

鲨鱼是真正的鱼类，与哺乳类的鲸不同的是，它们用鳃呼吸。世界上大约有 350 多种鲨，鲸鲨是其中体型最大的，身长可达 18 米，它也是世界上最大的鱼。但它的性情却很温顺，只吃浮游生物。

众口难调

鲨鱼因种类不同，对食物的喜好也各有不同。槌头鲨特别喜欢吃鱼，虎鲨喜欢吃海龟，而鲸鲨则喜欢吃一些浮游生物。但是海中的鱼类以及章鱼、乌贼这样的软体动物却是大多数鲨鱼共同的美食。

鲨鱼的高招

鲨鱼鼻子的皮肤小孔布满了对电流非常敏感的神经细胞。海水的温度变化能使鲨鱼鼻子里的胶体产生电流，刺激神经，使它感知到温度的差异。

刀状背鳍

鲨鱼是海洋中有名的"杀手"，作为海洋食物链中最重要的组成部分，鲨鱼在维护海洋生态平衡方面发挥了很大作用。

鲨的嗅觉相当灵敏，特别是能很快地闻到血液的味道

被杀的原因

鲨鱼具有极高的经济价值：人们可以用鲨鱼来做菜、制药、提炼维生素；鲨鱼的牙齿可以用来制作武器和装饰品；皮肤可以用来作砂纸；鲨鱼鱼翅也是极富营养的美味佳肴。而这些也成了人类捕杀它们的主要原因。现在，鲨鱼已经近于灭绝，人类为自己的贪婪总是要付出代价的。

大白鲨的上颚外沿排列着 26 枚尖牙利齿，里面还长着备用牙齿。一旦前面的任何一枚牙齿脱落，后面的备用牙就会移到前面补充进来

鲸鲨

和善的"鲨王"

实际上,被称做"鲨王"的鲸鲨一点儿也不凶猛,它只是因为个头最大而得此头衔。一只成年鲸鲨可以长到20多米长,体重相当于4头大象的总和。但很难想象如此庞大的动物却只以海底的贝类为食。

死亡陷阱

巨嘴鲨的口腔内有层奇异的组织能发出亮光,它常常利用这个优势在海洋深处张开巨嘴,令那些向往光亮的浮游生物自投罗网。那些可怜的浮游生物,还不知道自己就要成为巨嘴鲨的"美餐"了呢。

抗癌新希望

近来,科学研究发现,从鲨鱼软骨中提取的某些成分可以抑制血管生长因子的活性,诱发内皮细胞自然凋亡,提高血管生长激素的浓度,致使已有的癌细胞无法得到营养供应而"活活饿死",从而在不伤害人体其他健康细胞的情况下,有效阻止癌细胞的扩散。

鲨鱼

水域征服者——硬骨鱼

硬骨鱼是地球上所有生活在水里的动物中进化最成功的一类,包括辐鳍鱼和肉鳍鱼两大类。这些鱼的骨骼是由硬骨头组成的。"额外的"鳍退化消失,所有功能性的鳍内部均有硬骨质的鳍条支撑。现在,硬骨鱼类已经占据了地球上所有水域中的各种生态位,从小的溪流到大的河流,从大陆深处的小小池塘到各类湖泊,从浅浅的海湾到浩瀚大洋中各种深度的水域,到处都有硬骨鱼类在漫游。

真正的水域征服者

硬骨鱼类各个物种之间体形大小上的差别也很悬殊,有些小鱼永远长不到1厘米以上,而鲔鱼却可以长得非常巨大。硬骨鱼类身体的形状和生态适应类型也是千差万别,各有千秋。而且,硬骨鱼类无论是物种数量还是个体数量,都远远超过许多其他脊椎动物的总和。因此,硬骨鱼类才是地球上真正的水域征服者。

硬骨鱼的身体结构

硬骨鱼类的脊椎骨有一个线轴形的中心骨体,称为椎体。椎体互相关联,并连成一条支撑身体的能动的主干。椎体向上伸出棘刺,称为髓棘;尾部的椎体还向下伸出棘刺,称为脉棘。胸部椎体的两侧与肋骨相关联。

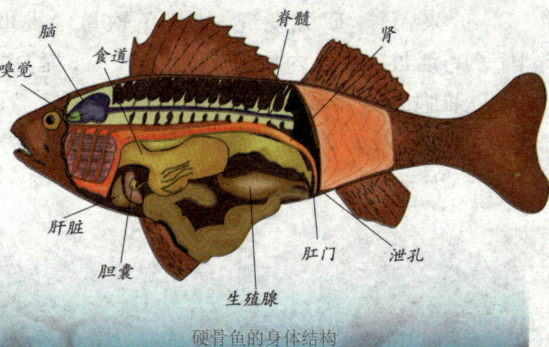

硬骨鱼的身体结构

鲔鱼

硬骨鱼类的分类

包括辐鳍鱼和肉鳍鱼两大类,骨骼全为硬骨骼。硬骨鱼类是今天地球上水域的统治者,其中辐鳍鱼类不仅数量多,而且类型也十分丰富。而现生的大多数鱼属于硬骨鱼,也是最常见的鱼类。

总鳍鱼

腔棘鱼

腔棘鱼又称空棘鱼,由于脊柱中空而得名。它被认为是水生动物和陆生脊椎动物之间一个重要的进化环节。腔棘鱼大约4亿年前在地球上出现,曾与恐龙生活在同一时代。由于腔棘鱼生活在深海的洞穴中,栖息地点极其隐蔽,所以以前很长一段时间,人们一直认为腔棘鱼早在6 000万年前就灭绝了。

具有肉质鱼鳍的肉鳍鱼类关系到四足动物的起源,早期认为只有肺鱼有现生种类存在,而1938年在非洲南部海域打捞到一条总鳍鱼,是肉鳍鱼类的活化石,被命名为拉蒂迈鱼。

肺 鱼

肺鱼是一种和腔棘鱼类相近的淡水鱼。古代时曾在地球上大量繁殖,现在仍有少数保存着其种族而遗留下来,可以说是一种"活化石"。正如它的名称,肺鱼有很发达的肺部,部分种类即使没有水也能呼吸空气而生存。在水中,鳍能像脚一样支撑身体。

肺鱼

人们若要在珊瑚礁鱼类中选美的话，那么最富绮丽色彩和引人遐思的鱼当属蝴蝶鱼。

蝴蝶鱼

蝴蝶鱼得此美名，是因为它的外形和蝴蝶相似，有着五彩缤纷的图案。五彩斑斓的色彩加之图案各异的身躯，都是识别彼此的最佳途径。热带地区的珊瑚礁群为蝴蝶鱼提供了一个天然的庇护所。它们用尖尖的嘴部啄食附着在珊瑚或岩石上的小动物。

小丑鱼

小丑鱼也称海葵鱼，它们因为依附海葵生活而得名。海葵鱼的体色很美，它们常在海葵聚集的地方游弋，毫不在意地在那些有毒的触手中间穿行。同种的雌雄两性之间，生理上却没有什么差异，只是野生成熟的雌鱼比雄鱼稍长些。

小丑鱼身上的黏液，不但可以中和被海葵刺细胞刺中所注入的毒素，还可以抑制海葵触手刺细胞的弹出。

飞 鱼

飞鱼

在我国南海的海面上，人们经常会看到一些从水中一跃而起的"小飞机"，它们有时甚至会"飞"到船的甲板上来，这就是飞鱼。飞鱼游速很快，可以达到每分钟 1 千米以上，跃出水面的距离可以高达 10 多米，并停留 40 多秒，"飞行"的最远距离可达 400 多米。

箱 鲀

别看箱鲀体表美丽，却全身布满了毒素。

箱鲀的外表看上去就像一只奇异的小箱子。它们的鳞片演变成了坚硬的六角形骨质片，紧密地排在一起，形成了一个像盔甲似的外壳。幼小的箱鲀色泽鲜艳，身体的棱角也不太明显。随着时间的增长，小箱鲀的身体色彩变得柔和了，棱角也更鲜明了。

七彩神仙鱼

　　在各种热带观赏鱼中,七彩神仙鱼的外表格外显眼。它周身镶着美丽的花边,扁圆的身子有些呈艳蓝色,有些呈深绿色或棕褐色,而且从鳃盖到尾柄上面均匀地分布着丰富烂漫的花纹。依据体色的不同,七彩神仙鱼被分为绿圆盘慈鲷、棕圆盘慈鲷、红圆盘慈鲷、蓝圆盘慈鲷等不同品种。

七彩神仙鱼的体色会随着成长而改变

蓑鲉

　　蓑鲉又叫狮子鱼、龙鱼,多产于温带靠海岸的岩礁或珊瑚礁内。它们体色鲜艳,体长可达20～30厘米,并且有着不同的花纹,是一种美丽的观赏鱼。千万别轻视这种外表美丽的家伙,它们的身体平常由一层薄膜作掩护,可一旦伪装卸除,便会露出含有毒液的尖刺,攻击对方。

蓑鲉有13根有毒的背刺,每一根毒刺中间都有一道凹槽,一旦发出攻击,对手将会被麻痹致死。

刺河鲀的肋骨完全退化,所以身体膨胀时,像是有针的皮球一般

刺河鲀

　　刺河鲀之所以得到这样的名称,全是因为它身上披满了尖锐的硬刺。这些硬刺是由鳞片演变成的。在休息状态下,刺河鲀的硬刺会平贴着身体,一旦遇到凶猛饥饿的敌人,它便吸入大量的海水,使身体膨胀,利刺也会竖起来,这个时候的刺河鲀活像一只落入水中的刺猬。

海底的怪兽——海洋里的爬行动物

爬行动物是第一批真正摆脱对水的依赖而征服陆地的脊椎动物，可以适应各种不同的陆地生活环境。爬行动物也是统治陆地时间最长的动物，其主宰地球的中生代也是整个地球生物史上最引人注目的时代。那个时代，爬行动物不仅是陆地上的绝对统治者，还统治着海洋和天空，地球上没有任何一类其他生物有过如此辉煌的历史。

蛇颈龙

蛇颈龙和鱼龙是所有海生爬行动物中最兴旺的。在侏罗纪和白垩纪时期，它们始终都控制着海洋。蛇颈龙在白垩纪末期灭绝，在其生存的远古时代，它那庞大的体型在海洋世界中称霸一时。蛇颈龙头小颈长，脖颈是身体和尾部长度的两倍。体躯宽扁，体

蛇颈龙

长可达 18 米，四肢呈桨状，牙齿锋利，属于肉食性海洋大型爬行动物。尽管从科学理论上说蛇颈龙早已灭绝，但有人曾怀疑尼斯湖水怪可能就是蛇颈龙的后裔。

鱼龙

鱼 龙

中生代海洋中生存过的已灭绝的鱼形爬行动物。1821 年，柯尼希认为它们是介于鱼类和爬行类之间的动物，因此创立了鱼龙这个词。居维叶曾对鱼龙有过较形象的描述："鱼龙具有海豚的吻，鳄鱼的牙齿，蜥蜴的头和胸骨，鲸一样的四肢，鱼形的脊椎。"指出它们是一类古老的爬行动物。

沧 龙

在白垩纪晚期的海洋中，生活着一类最为凶猛的爬行动物——沧龙。它们的头骨很长，在构造上与现生的巨蜥很相似，所以沧龙与巨蜥有较近的亲缘关系，它们是由远古的蜥蜴类进化来的。它具有现代的巨蜥和蛇一样的下颌骨，这个下颌骨不仅能下降得很低，而且还能向两侧打开，使装满的食物不会漏出去。

海 蛇

中生代晚期,两栖类动物一部分彻底告别了大海,到陆地上定居,从而进化成爬行类的蛇。还有一部分依恋故乡大海,成了今天的海蛇。海蛇身体呈圆桶状,尾巴扁平,善于游泳,喜欢栖息于大陆架和海岛周围的浅水区,以澳大利亚北部与南洋群岛之间最多。有些种类的海蛇也有在海面上大规模集群的习性。

不同于陆蛇的是,多数海蛇都有剧毒。

广东沿海地区的渔民,常见到成千上万条海蛇追捕鱼群的场面。1932 年 5 月 4 日,马六甲海峡出现过壮观的海蛇长阵,宽约 3 米,长达 110 米。在全世界 2 700 多种蛇中,海蛇只有 49 种。

不管海滩的地势如何或气候的变化怎样,刚孵出的小海龟都要离开巢穴,爬过沙滩,回归大海。

海 龟

海龟早在 2 亿多年前就出现在地球上了,是有名的"活化石"。它四肢粗壮,有坚硬的外壳,和陆龟一样外壳都由角质的盾片构成。头、尾和四肢都有鳞,且都能缩进壳内。这种身体结构能很好地保护海龟。2 亿多年来,几乎没有发生变化。

据《世界吉尼斯记录大全》记载,海龟的寿命最长可达 152 年,是动物中当之无愧的老寿星

绿海龟

绿海龟是一种大型的爬行动物,一般情况下,龟壳长 0.7 ~ 1 米,体重 90 ~ 140 千克。也曾经有过龟壳长 1.2 米,体重 375 千克的最高记录。绿海龟整个身体呈褐色或者浅绿色,分布在全球气候温暖的海岸线附近,主要食海草。它们有时会爬到岸上去晒太阳,这一点和其他海龟不一样。

伟大的母亲——海洋哺乳动物

哺乳动物十分适合在陆地上生活,陆地是它们的乐园,可也有一些哺乳类是适于海栖环境的特殊类群,如鲸、海獭、海狮、海豹、海牛等。它们已经适应了海洋生活,一般拥有纺锤型或流线型的体型,但仍然是恒温动物,用肺呼吸,保留着若干哺乳动物的特征:胎生的、以母乳哺育幼兽。

鳍脚类动物

海豹、海狮、海狗和海象都属于鳍脚类动物。海豹和海狮、海象共同的特点是一般在海洋中生活,有时则到岸边来休息,抚养子女。它们以鱼类为食,都有流线型的身体,皮下有厚厚的脂肪来抵御寒冷的海水。所有的鳍状肢在水中都可以当作桨来使用。海狮和海狗是近亲。它们和海豹的区别为:海狮及海狗的鳍状后肢可朝向前方,所以能够在陆地上行走,而海豹则不能。此外,有如小指头般的耳朵也是海豹所欠缺的特征。

海狮的后肢可以转向前方,在沙滩上可以用来走路

低价的报酬

美国特种部队中一头训练有素的海狮,曾在1分钟内将沉入海底的火箭取上来,而人们只要给它一点乌贼和鱼作"报酬",它就满足了。

海豹的耳朵只是一个小孔

海豹的后肢不能转动方向,它只能靠前肢拖着身体匍匐前进,非常吃力

海象顾名思义,即海中的大象。它的躯体巨大而形状丑陋,皮肤粗糙而多皱纹,眼睛细眯,犬齿突出口外。海象是游泳健将,在水中的表现比陆地上灵敏得多。为了适应海洋生活,海象还可以变换体色。在太平洋、大西洋都有其踪影。

海 獭

海獭是大约1万年前才入海的"新"成员，小而圆的头上，长有非常明显的胡须，小耳朵藏在毛里，样子看上去就像一只大老鼠。海獭一天当中约有一半的时间在整理皮毛。通过梳理，既能保持毛皮整洁，又能促进皮脂腺分泌，使毛皮在水中形成一个隔热屏障。此外海獭还会使用工具，经常从海底捞取石块放在胸部做砧，在上边敲碎贻贝的硬壳后取食。

海獭

海牛是海洋中唯一食草的哺乳动物，它的食量很大，每天吃水草的重量相当于自身体重的5%～10%。它的肠子长达30米，有利于慢慢地消化和吸收。海牛吃草像卷地毯一般，一片一片吃过去，是名副其实的水中"除草机"。

海牛和儒艮

海牛的外形与儒艮（别名美人鱼）相似，身体呈纺锤型。它与儒艮的区别在于尾部形状的不同：海牛的尾巴呈扇形，而儒艮的尾巴是扁平分叉的。海牛习惯昼伏夜出，白天在深海睡觉，晚上出外觅食。

海牛虽身躯肥大，但个性温和，是水中"温柔的巨人"。

海上霸主——鲸

生活在海洋中的鲸是地球上最大的动物,海水支撑着它们硕大的身体。从外形上看,鲸与鱼类没有本质区别,平时像鱼一样依靠强有力的尾巴游动。但它们用肺呼吸,在头顶部有一个出气孔,是恒温哺乳动物。全世界有 90 多种鲸,总体分为两大类:第一类是须鲸类,如长须鲸、蓝鲸、座头鲸、灰鲸等。第二类是齿鲸类,它们长有牙齿,没有鲸须,有一个鼻孔,能发出超声波,并有回声定位能力,如抹香鲸、逆戟鲸、虎鲸等。

白鲸没有背鳍,只有一个低低的背脊。因此,可以很方便地在一大块浮冰下游泳,这是其他的有背鳍鲸类所难以办到的

白鲸的遭遇

白鲸生活在北极圈内,以食鱼为主,与同样生活在北极地区的独角鲸是近亲。自 17 世纪以来,由于捕鲸者的捕杀,白鲸数量在锐减。更加可悲的是,由于生态环境遭到毁灭性的破坏,白鲸患上了胃溃疡穿孔、肝炎、肺脓肿等疾病,一批批相继死去。

海 豚

海豚是小型的鲸,它们生有长鼻子,嘴里长着近 200 颗细小的牙齿。海豚一般生活在深海,但也有少数在海岸线附近活动。海豚有着流线型的身体,游泳时只需上下摆动水平的尾鳍,便能把身体推向前;如果要转弯、平衡或把身体伸出水面,就用其他的鳍来掌控。不可思议的是,海豚竟是大海里的"救生员"和"警察"。有时它们将落水者驮到岸边,有时它们成群地驱赶凶猛的鲨鱼,不辞辛苦地保护遇难者。

海豚

鲸类自杀之谜

鲸类自杀的惨剧在世界上发生过很多次,规模最大的一次发生在 1946 年 10 月 10 日,835 头拟虎鲸冲上阿根廷马德普拉塔海滨浴场的海滩后,相继死去。对于鲸搁浅的原因,有这么几种观点:科学家发现,鲸的视力很差,全靠在水中发出超声波,利用超声波来判断方向。有人认为众多寄生虫钻穴而居,对鲸的大脑造成了巨大的损伤,大大降低了它们接受回波的能力,从而造成搁浅。也有人认为声呐干扰也是导致鲸群搁浅的祸首之一。此外,还有气候异常、海洋污染、地磁异变等一些说法。

海岸上搁浅的鲸

杀人鲸

杀人鲸也叫虎鲸,生性胆大而狡猾,凶残而贪婪。它们拥有锋利无比的牙齿、快速准确的追捕本领、集体捕食共享美餐的猎捕方案,使得海洋中,小到鱼虾海鸟,大到鲨鱼海象甚至其他鲸类都成为它们猎食的对象。虎鲸的胃很大,1862 年,一个名叫埃斯里特的人,从一头虎鲸的胃中发现了 13 头海豚和 14 只海豹。

虎鲸

抹香鲸

抹香鲸是体型最大的齿鲸。它脑中的鲸油能控制浮力,还能控制在深海潜水时的呼吸情况。它的体长通常在 20 米左右,仅头部就占去了一半。抹香鲸是群居性动物,它们用口哨声和"咔哒"声来交流。从额头的喷气孔处,抹香鲸可以喷出一股夹杂着泡沫的巨大水柱。

抹香鲸

千姿百态——海洋植物

在辽阔而富饶的海洋里,除了生活着形形色色的动物之外,还有种类繁多、千姿百态的海洋植物。海洋植物有两大类:浮游植物和底栖植物。海洋植物是自然界所有植物的祖先,它是由单细胞藻类逐步进化而成的。无论是人们爱吃的海带、裙带菜和紫菜,还是用作工业原料的硅藻,都显示了海洋植物巨大的经济价值。各种鱼类生活于其中,一起构成了多彩的海洋生命世界。

"长寿菜"

紫菜是一种味道鲜美、营养丰富的食用海藻,其蛋白质、无机盐和各种维生素的含量高达29%～35%;它还含有10%～15%的硅胶;此外,紫菜的含碘量仅次于海带和裙带菜。紫菜有较高的药用价值,因其富含碘,故对治疗甲状腺肿大有一定的疗效。常食用紫菜还能降低血清中的胆固醇含量,对软化血管和降低血压也有很好的疗效,是不可多得的营养保健食品,有"神仙菜""长寿菜"的美称。

紫菜

裙带菜

浮游植物

浮游植物有的像车轮,有的像小箱子,有的像糖葫芦,有的像打开后又翻过来的降落伞……它们能直接吸收海水中溶解的无机物,所以没必要像陆地上的植物那样需要把根扎在泥土里。

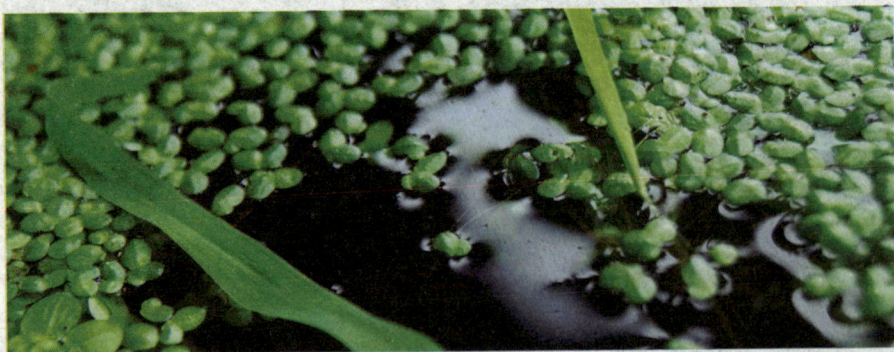

浮游植物——浮萍

海 草

海草是一类生活在温带海域沿岸浅水中的单子叶草本植物。它常在沿海潮下带形成广大的海草场，是小虾、幼鱼良好的生长场所，也是海鸟的栖息地。

海藻

红藻在海洋中分布很广，主要有紫菜、石花菜、海人草、软骨藻、江蓠、海萝、麒麟菜等。红藻的药用主要是它的提取物琼胶囊，这是一种用途很广的新试剂。另外，它有驱蛔虫的作用。

红树植物

红树植物是一类生长在热带海洋潮间带的木本植物群落，例如红树、秋茄树、红茄冬、海莲等。当退潮以后，红树植物在海边形成一片绿油油的"海上林地"，也有人称之为"碧海绿洲"。它们主要生长在热带地区的隐蔽海岸，常在有海水渗透的河口、泻湖或有泥沙覆盖的珊瑚礁上。

红树林

海洋上空的天使——海鸟

　　提起海鸟，人们往往会想到海鸥、海燕和信天翁。其实，海鸟的种类很多。 人们习惯把海鸟分为两大类：一类被称做为大洋性海鸟，如信天翁。这种鸟在远离大陆的大洋上空生活，除繁殖期外，几年可以不着陆；另一类为海岸性海鸟，如海鸥、军舰鸟，这种鸟白天出海觅食，天黑返回陆地过夜。碧海群鱼跃，蓝天鸥鸟飞，海鸟不仅使富饶的海洋充满勃勃生机，同时也构成了海上一道亮丽的风景线。

海港清洁工——海鸥

　　海鸥是最常见的海鸟，在海边、海港，在盛产鱼虾的渔场上，成群的海鸥欢腾雀跃。海鸥除以鱼虾、蟹、贝为食外，还爱拣食船上人们抛弃的残羹剩饭，故海鸥又有"海港清洁工"的绰号。港口、码头、海湾、轮船周围它们几乎是常客。在航船的航线上，也会有海鸥尾随跟踪，就是在落潮的海滩上漫步，也会惊起一群群鸥鸟。

海鸥

飞行大盗

　　贼鸥是海鸟中最著名的偷猎者，被称为"南极之鹰"。它们除了吃腐肉外，还偷吃企鹅蛋和小企鹅，因此又被称为"飞行大盗"。

贼鸥

这只企鹅发现已晚，企鹅蛋已被贼鸥啄破了。

飞鸟之王——信天翁

漫游信天翁是南极地区最大的飞鸟，也是世界飞鸟之王。它身披洁白色的羽毛，尾端和翼尖带有黑色斑纹，躯体呈流线型，展翅飞翔时，翅端间距可达3.6米。它日行千里，习以为常，连飞数日，毫不倦怠，甚至绕极飞行，也锐气不减。漫游信天翁不仅是飞行冠军，还是空中滑翔的能手，它可以连续几小时不扇动翅膀，仅凭借气流的作用，一个劲地滑翔，显得十分自在。

漫游信天翁被航海家誉为"吉祥之鸟"和"导航之鸟"

繁殖期，雄性军舰鸟的喉咙会膨胀变得鲜红，以此来引起雌鸟的注意力。

海上强盗

军舰鸟生活在热带和亚热带海域。它们有一对强有力的翅膀，具有高超的飞翔本领，能在高空翻滚盘旋，也能快速直线俯冲。正因为如此，它常在空中袭击那些叼着猎物的海鸟。

捕鱼能手

海鹦是一种很有特色的鸟类。它有一张大嘴巴，呈三角形，带有一条深沟。背部的羽毛呈黑色，腹部呈白色，脚呈橘红色。面部颜色鲜艳，像鹦鹉那样美丽可爱。因此，人们称它为海鹦。可是走到近处一看，它那宽大而鲜艳的喙带有灰蓝、黄和红3种颜色，配上两颊的灰白色，让人不免联想起马戏团中的小丑，可称为鸟类的笑星。有人给海鹦起个绰号"酒渣鼻子"。

海鹦的嘴每次最少能衔住10条细长条的海鱼

南极大陆的绅士——企鹅

企鹅分布的地区之广,可以说是任何鸟类都无法与之相比的,从南极冰原到福尔克兰兹的绿色牧场;从郁郁葱葱的新西兰海湾到长满仙人掌的加拉帕戈斯群岛,到处都有它们的踪迹。它们在零下25℃的严寒能够生活,在38℃的亚热带地区也能适应,世界上没有任何鸟类能够分布在如此广泛的气温带。

喜庆的婚礼

企鹅产卵前的求偶仪式短暂而有趣。雄企鹅扭动笨拙的身体摇摇晃晃地起舞,在博得了对方的欢心之后,它们便收集小石子开始筑巢。

帽带企鹅

帽带企鹅

帽带企鹅最明显的特征是脖子底下有一道黑色条纹,像海军军官的帽带,显得威武、刚毅。也有人称之为"警官企鹅"。

南极精灵

企鹅通常被当作是南极的象征,约有1亿多只企鹅生活在冰雪覆盖的南极,占世界海鸟总数的1/10,南极的许多岛屿上都有它们的踪迹。

企鹅是不会飞行的鸟,它们已完全适应了水中生活:两翼演变成鳍状,羽毛细小呈鳞状,皮下脂肪很厚。

麦哲伦企鹅

最早的定居者

　　动物学家考证企鹅的"家史"，证明企鹅原来是最老的一种游禽。据推测，由于南半球陆地少，海面宽阔，充沛的食源为企鹅的安家落户提供了良好的条件。企鹅可能在南极未穿上冰甲之前，就已经来这儿定居了。

朦胧的陆地风光

　　企鹅的角膜（眼球前部的透明体）扁平，水下视力极佳，但一到陆地上却成了名副其实的"近视眼"。

浮华企鹅

忠贞的夫妻

　　企鹅家族中阿德莱企鹅的数量多达 100 多万对，它们一旦结为夫妻，彼此便恪守海誓山盟的诺言，相敬如宾。第二年，它们会在前一年相同的地方寻找对方。当然企鹅间有时也有不愉快的事情发生，比方说"偷窃""吵架""离婚"等现象，但总的来说它们还是极有合作精神的。

　　企鹅是非常可爱的动物，它们背部的羽毛是黑色的，腹部则呈白色，这使它们看上去很像一个身穿燕尾服的绅士。

和谐的共同体
人与海洋

自古以来，人类就与海洋有着不解之缘。很久以前，海洋显得神秘而不可逾越，可是今天的我们，在海洋面前，却有着不一样的豪情。未来世界，人类会在海洋里建立生活空间，海上城市、海上机场等将让海洋成为人间的乐园。

乘风破浪的远行——海上交通

船是人类最重要的交通工具之一，也是人类征服自然的伟大创造。在某种程度上说，船承载了早期的人类文明。船的历史几乎伴随着人类的历史，经历了相当漫长的过程。船的起源国尚无定论。早在公元前 6 000 年，人类已在水上活动。世界上最早的船可能就是一根木头，人们试着骑到水中漂浮的较大的木头上，从而想到了造船。

独木舟

中国是世界上最早制造出独木舟的国家之一，并利用独木舟和桨渡海。独木舟就是把原木凿空，人坐在上面的最简单的船，是由筏演变而来的。但制造独木舟需要较先进的生产工具，制造技术比筏要难得多，其本身的性能也比筏先进得多，它已经具备了船的雏形。

独木舟————

帆　船

帆船是继舟、筏之后的一种古老的水上交通工具，已有 5 000 多年的历史，它主要靠帆借助风力航行，靠桨、橹和篙作为无风时推进和靠泊与启航的手段。进入 20 世纪，内燃机广泛应用于船上，出现机帆船。为节省燃料，许多国家又在研究和应用帆船运输。

蒸汽机船

19世纪，钢材应用到了蒸汽机船上，传统的帆船被取代了。1858年，英国的布鲁内尔设计的一艘长231米、重19 000吨，并有两个巨大桨轮和24只螺旋推动器连接的蒸汽引擎船——"大东方"号出现在泰晤士河畔。

蒸汽机船

潜艇

舰　艇

如今在水面或水中活动着一些具有作战或保障勤务所需的战术技术性能的军用船只，它们是海军的主要装备。它们用于海上机动作战，进行战略核突击，保护己方或破坏敌方的海上交通线，进行封锁反封锁，支援登陆抗登陆等战斗行动；还执行海上侦察、救生、工程、测量、调查、运输、补给、修理、医疗、训练、试验等保障勤务。

轮　船

轮船的发明和不断改进，使水上运输发生了革命性的变化，第二次世界大战后，世界海运量平均每10年翻一番。今天，现代化的客轮、货轮和油轮，正在从事着各种关系到人类命运的全球性商业航运。

轮船

船舶中转站——海港

海洋运输中，港口是船舶停泊、中转和装卸货物的场所。港口有齐全的配套设施，如码头、装卸设备等，还要有高效的运作服务。港口与港口之间，通过发达的海上航线相联系。

名　称	国　家	备　注
伦敦港	英国	英国最大的海港
鹿特丹港	荷兰	荷兰第一大港
纽约港	美国	美国最大的港口
新加坡港	新加坡	新加坡的天然良港
马赛港	法国	法国最大的港口

庞大的海港

　　鹿特丹是荷兰第二大城市，鹿特丹港是世界最大港之一。港区水域深广，内河航船可通行无阻，外港深水码头可停泊巨型货轮和超级油轮，每年保持超过 5 亿吨的货物吞吐量。

鹿特丹港

海洋运输

　　国际贸易需要海洋运输来支持，海港就成了商品运输的枢纽。我国是个贸易大国，港口也很多。改革开放以来，扩建和新建了许多海港，比较有名的海港城市有上海、青岛、大连、宁波、厦门、天津等。

香 港

　　香港是一座美丽的港口城市，素有"东方明珠"的美称。这里蓝天碧海，山峦秀丽，港口地理位置优越，是少有的天然良港，其中最著名的是维多利亚港湾。它位于维多利亚海峡近岸，港区水域辽阔，可以同时停泊50艘巨轮。

美国最大港口

　　纽约港，位于美国东北部哈得孙河河口，东临大西洋，于1614年由荷兰人开始建设。由于地理条件优越，截至1800年便成为美国最大港口，1980年吞吐量达1.6亿吨，多年来都在1亿吨以上，每年平均有4 000多艘船舶进出。

香港

纽约港

上海港

　　上海港位于黄浦江与苏州河的交汇处，它以黄浦江为天然航道，黄浦江横穿上海市。上海是我国最大的港口，居全国南北沿海航线的中枢，也是中国内河、海运及国际贸易的枢纽港，其吞吐量居全国首位。

上海港

天堑变通途——桥、隧道

桥是一种很早就出现的建筑物,最开始建在陆地上,后来建造在水面上。海底隧道是在技术发达后,从海底铺设的地下通道,它是连接陆地之间的"地下通途",是供车辆、行人通行的。据统计,世界各地已经建成投入使用的海底隧道有 20 多条。我国香港至九龙之间也有一条 1.4 千米长的海底隧道。

跨海大桥

跨海大桥是 20 世纪初开始出现的,是海上交通的重要组成部分。跨海大桥和海底隧道一样,飞架于海峡之上,海湾之间,打开了大陆与海岛、海岛与海岛之间的海上通道,成为一种全新的交通运输方式。

夜幕下的美国旧金山金门大桥

美国旧金山金门大桥

为什么要建设海底隧道？

海上交通易受天气变化、港口布局的影响，船舶的运载速度，远不如铁路快捷方便。作为解决交通问题的一种有效方式，海底隧道大大方便了货物运输，促进了经济发展和科学文化交流。

日本青函海底隧道

青函海底隧道

青函海底隧道全长 54 千米，穿过津轻海峡，把日本本州岛的青森和北海道的函馆连接起来，成为贯穿日本南北的大动脉，是一条双线铁路隧道，也是世界上最长的海底隧道。

英吉利海峡海底隧道内部

英吉利海峡海底隧道

英吉利海峡海底隧道是在 20 世纪建设的一条穿过英吉利海峡的海底隧道，由英国、法国共同出资兴建。隧道在英国多佛尔市附近的权里顿和法国加米市附近的弗雷顿之间的海底穿过。英吉利海峡海底隧道由三部分组成：两条高速铁路隧道和一条维修服务隧道。海底隧道全长 50 千米。往来于英、法两国的专用隧道列车——"欧洲之星"以时速 130 千米的速度在隧道里穿行，24 分钟就可通过隧道。

航行的路标——海上导航

对于在漫无边际的大海中航行的人们来说，正确地引导船只沿一定航线从出发地驶向目的地，是一件非常重要的事情。通常为了保障航行安全，大海上设置了各种各样的航行标志，如浮标可以标出深水航道，灯塔可以在夜间帮助船只定位。近年来，无线电导航与GPS卫星导航逐渐在航运中占据了重要地位。

指南针

指南针

大约在公元前 1 世纪，磁铁矿石的指向特性最先为中国人所知，他们将磁铁矿石按北斗七星形状做成勺子状，放在一个光滑的铜盘上指示北极。这种被称为"指南针"的发明，为早期航海者们提供了最基本的导航仪器。

六分仪

1731 年，英国科学家约翰·哈德利发明出一种反射象限仪，并很快发展成了六分仪——测量圆周的 1/6 的一种弓形仪器。它由一个三角形的架子组成，三角架的一边是一个弧形板，上面有刻度。一个分度指针在跟支架与弧形板交叉的枢轴上转动，反射镜将需测量夹角的两个物体反射到一起，观测者可以通过镜子同时看见地平线和太阳，之后便能用边缘标有刻度的象限仪量出两者之间的角度，确保船只的正确航线。

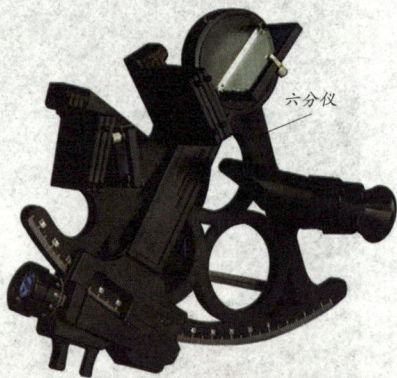

六分仪

航海天文钟

航海天文钟

假如一艘船上没有一种可以正确测出船只方位的仪器，那么船很有可能因为微小的误差偏离航线而导致触礁沉没。而 1728 年，英国的一位木匠约翰·哈里森研制的航海天文钟的出现，恰好填补了海上缺乏测定经度的精确仪器的空缺，从而成为导航技术上的一大进步。

浮标是浮于水面的一种航标，通过锚链锚碇于水底固定标位。它应用广泛，既可以标示航道范围，又可以指示浅滩或者危及航行安全的障碍物。

航 标

　　航标是一种跟船舶有关的交通标志，帮助引导船舶航行、定位和标示碍航物与表示警告的人工标志。设于通航水域或其近处，以标示航道、锚地、滩险及其他碍航物的位置，表示水深、风情，指挥狭窄水道的交通。灯塔、浮标、雾号、雾钟等都属于航标。

GPS 导航仪

　　GPS 也叫全球卫星定位系统，是因为 GPS 能精确地测定地球上任意一点的位置。在军事上，它能为飞机和导弹导航；在航海领域，它能为在茫茫大海上的船舶指明方向。

GPS 导航仪

灯塔

灯 塔

　　灯塔是行船人的航行指标，它明亮的灯光可以在夜晚为远航的船只照亮行程。尤其在那些危险的海域上，灯塔可以帮助船只避免海难的发生。早在公元前数百年，人类就开始使用灯塔了。公元前 280 年，亚历山大港外的法罗斯灯塔高达 85 米，以燃木材发光为信号，是著名的古代灯塔。

冒险家的时代——大航海时代

对于人类来说，海洋充满了神奇，直到近代航海技术的进步，人们才逐渐认识了大海和大洋。海上探险的开始，让人们面对汹涌的大海不再惧怕。后来，欧洲的航海家和传教士们劈波斩浪远航到世界各地，开始了大航海时代。而大航海时代，就是无数勇敢的冒险家驾着小船，向广阔而神秘的大海挑战的时代。新的发现让无数人开始了冒险。

《马可·波罗游记》

意大利人马可·波罗是一位著名的旅行家，他出生在欧洲的威尼斯。元朝的时候，他途经印度来到中国，沿途记录下了许多资料，后来从泉州乘船回国。1295 年，他在威尼斯和热那亚的海战中被俘，在狱中写下了《马可·波罗游记》。

马可·波罗

郑和下西洋

郑和是我国伟大的航海家，也为世界航海史写下了光辉的一页。明朝前期，为了同海外各国加强联系，明成祖派郑和出使西洋，比其他国家的航海家早了近百年。郑和率领 27 000 多人，乘坐 200 多艘海船，浩浩荡荡地从刘家港出发。到 1433 年，他先后出使西洋 7 次，经历了亚非 30 多个国家和地区，最远到达非洲的东海岸和红海沿岸。

郑和宝船

葡萄牙

葡萄牙在历史上是一个航海大国。15～16世纪，葡萄牙开始进行殖民扩张，掠夺的土地远到非洲和亚洲，南美洲的巴西也是它的殖民地。这在很大程度上得益于它先进的航海技术。

麦哲伦

—— 哥伦布
—— 麦哲伦
—— 达·伽马
—— 马可·波罗

时　间	航　海　家	事　件
1405～1433 年	郑　和	出使西洋
1488 年	巴瑟罗缪·迪亚士	发现非洲好望角
1492 年	哥伦布	发现美洲
1498 年	达·伽马	开辟了印度航线
1519 年	麦哲伦	环绕地球航行

环球航海的先驱

麦哲伦（1480～1521 年），葡萄牙航海家。早年参加葡萄牙远征队，曾到过印度马拉巴尔海岸、马六甲海峡和马鲁古群岛等地，后移民西班牙。在西班牙国王支持下，进行向西环球航行。1521 年 3 月 16 日到菲律宾群岛，不久在与马克坦岛土著人的冲突中被杀。1522 年 9 月 8 日，船队中的"维多利亚"号回到出发地。这次航行是人类历史上第一次环球航行，它以实践证明了"大地球形说"的正确。

库克

库　克

詹姆斯·库克是英国的一位探险家、航海家和制图学家。他由于进行了 3 次探险航行而闻名于世。通过这些探险考察，他给人们关于大洋，特别是太平洋的地理学知识增添了新的内容。尤其是在 1772～1775 年，第二次远航中穿越了南极圈，完成了人类历史上第一次环南大洋的航行，但却未能发现南极大陆。现在，无论是谈到北极探险，还是南极考察，总是要提到库克这个名字。

人类文化的发祥地——海洋文化

海洋文化源远流长，同时，海洋文化也是人类文化的重要组成部分。海洋占地球面积的70%，地球生命起源于海洋，我们人类的诞生也缘于海洋，人类文化的发展离不开海洋。今天的海洋不再是限制人类往来的天堑，而是人类文明相互沟通的主要渠道。

海洋文化的特点

与内陆文化不同，海洋文化有其自身的特点。一是崇尚冒险，这是海洋文化的第一个重要特点。在海边生活，人们要生存下去就必须要冒险，甚至要冒很大的风险。第二个特点是开放性。海洋本身就是开放的，无法封闭的。第三个特点就是对各种文明兼收并蓄。广阔的海洋所联结的国家林林总总，人种、制度、文化差异非常大。第四个特点是团队精神非常强。航海的风险非常大，靠个人的力量很难抵御，因此需要更多的人组成的团队，同心协力，按共同规则办事。

维京人造的船形体修长，有高高的曲线形船头和吃水深的船体，航行起来速度非常快

古希腊双耳罐

古地中海文化

古地中海的海洋文化最早成为人类文明发展中不可缺少的一部分。它是古埃及文明、古巴比伦文明、古希腊文明共同培育出来的一朵灿烂之花，成为联络三大文明不可少的中介。从技术上而言，古地中海的航海家早在四五千年以前便突破了独木舟航海时代。最早以航海术闻名天下的腓尼基人，发明了用苇草编制船只的技术，而后，在制木技术成熟后，他们又使用了大型木船。在这一前提下，地中海成为古代三大洲文明的交流渠道，也成为促进欧亚非三洲文明发展的要素。

南太平洋海洋文化

　　人类最早的航海是以独木舟为航海工具的。20世纪初的历史学家埃利奥特·史密斯在《早期文化的移动》中指出：在新石器时代，从地中海到印度、到中国的沿海、到墨西哥、到秘鲁，存在着一种环绕地球的"日石文化"。它的存在表明：早在四五千年以前，人类便能以

波利尼西亚人的木船

独木舟与木筏为航海工具，进行跨洋航行。这种奇迹般的航海能力，至今仍然可以在波利尼西亚人身上看到，可以说他们代表了人类早期最典型的海洋文化。

迈锡尼文明

　　迈锡尼文明是青铜时代晚期文化。分布于希腊大陆及爱琴海诸岛。因当时希腊最强的王国及其首都迈锡尼而得名。公元前2000年左右，希腊人开始在巴尔干半岛南端定居。从公元前16世纪上半叶起，逐渐形成一些奴隶占有制国家，出现了迈锡尼文明。

迈锡尼国王——阿伽门农的黄金面具

克里特文明

　　克里特岛位于欧洲的东南端，是爱琴海上最大的岛屿。克里特文明是青铜时代中、晚期文化，又称"米诺斯文明"（源于古代希腊神话中克里特王米诺斯的名字）。地中海东部的克里特岛是古代爱琴文明的发源地，欧洲最早的古代文明中心。

米诺斯王宫遗址

龙宫探宝——海洋资源开发

在海洋中蕴藏着极其丰富的生物资源，像我们熟悉的海产品，在大洋底部还沉积了许多金属矿产。除此以外，海洋也富含石油和天然气等能源资源。这些资源丰富了海洋，也丰富了人们的生活。随着科学技术的进步，现代海洋的开发利用，早已从传统海洋产业，拓宽到了包括海洋能源、海洋矿产资源、海水资源综合利用和海洋空间利用领域里，一些新兴的海洋矿产业，在新世纪里将会有更大的发展。

海洋渔业

海洋渔业的开发利用，主要是引导渔民合理捕捞和海洋"农牧化"，发展水产品的养殖。海带、紫菜、裙带菜、石花菜、麒麟菜、鹧鸪菜等都是人们喜欢食用的经济藻类。随着技术的进步，许多海上牧场又从单一养殖逐步实现立体养殖。海水的表层用来养殖海带等海藻，底层用来养殖蟹贝，中间层用来养殖经济鱼或虾等，实现海水立体养殖业。

养殖的经济虾

海上石油钻井平台

海洋石油

生物化学作用和地壳构造运动造成了石油矿藏。经过沧海桑田的变迁，有些油藏分布在陆地上，有些分布在海洋里。分布在海底下的油藏相对于陆地油藏而言，称为海洋石油。中东地区的波斯湾，美国、墨西哥之间的墨西哥湾，英国、挪威之间的北海，中国近海包括南沙群岛海底，都是世界公认的海洋石油最丰富的区域。

海水提碘

碘是应用已久的药用元素和化工原料，又是近代用于人工降雨和火箭添加剂中不可缺少的物质。常规外用药碘酒，就是把碘溶在酒精里制成的。碘主要贮存在海水里，海水中的碘可以富集到海藻中去。干海带含碘量高达1%，为制碘创造了良好的条件。

我国海带生产居世界第一，除供食用外，大量用于制碘。

海水淡化

海水淡化技术，也称海水脱盐技术，它是利用化学的或物理的方法，除去海水中所含的盐的成分，以获取淡水的工业技术。

"海湾明珠"科威特

1953年，科威特建起了第一座日产4 553万升的海水淡化厂。现在，科威特拥有5座大型海水淡化厂，日产淡水40亿升，居民用水和工业用水完全自给。另一座海水淡化厂正在建设中。这6座海水淡化厂生产的淡水，可满足2 000年后科威特人生产和生活的需要。位于科威特市区东端海滨的是最著名的科威特大塔群，其中有两座分别高187米和147米的淡蓝色球形储水塔，各能储水455万升，这一塔群如今已成为科威特的标志。

科威特储水塔

蓝色的希望——海洋污染与保护

海洋是人类的宝贵财富,是一个拥有丰富生物和矿产资源的"聚宝盆"。可是由于环境污染,海洋却逐渐变为一个废污物的"仓库"。尤其是海洋石油污染,更加破坏了海洋的生态环境。当浑身沾满石油的海鸟寸步难行,只好坐以待毙时;当海豚、海龟、鱼类因为石油污染而无法呼吸时,作为地球的主人——人类是不是应该因此而内疚,而反思呢?

海洋污染

　　海洋污染是指人类向海洋排放废物或污物,使海洋水质变坏,使生活在海洋中的生物受到损害,同时也妨害人们的海上活动,危害人类健康。海洋污染物绝大部分来源于陆地上的生产过程,它们大都集中在港口和工业城市附近。

由于海洋环境的破坏,白鲸患上不同的疾病,种族濒临灭绝。

未经净化的工业废水,流到河里,最终注入海洋,污染了海水。

《未来水世界》

　　《未来水世界》是美国好莱坞经典大片之一。剧情讲的是公元2500年,地球因温室效应而上升的水位将世界淹没在一片汪洋之中,人们为寻找陆地而展开的故事。影片留给人们更多的是对生态保护的思考和对人类未来命运的关注。

油污染

海洋中的石油泄露，会给鸟儿带来灾难性的后果，石油会严重地污染它们的栖息地，使它们无家可归。2002年11月19日，"威望"号油轮在西班牙西北部海域失事并沉没，这艘油轮上共装有7.7万吨燃油，沉没后泄漏出数万吨。据环境学家估计，这将成为历史上最严重的一次原油泄漏事件，对附近海域将造成无法估量的环境破坏。

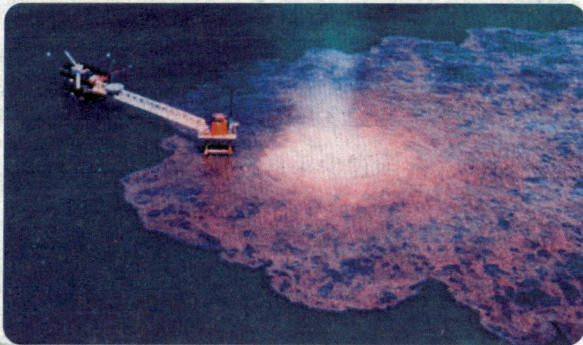

油污染对海洋环境会造成非常严重的破坏

海鸟的羽毛被黏稠的石油粘住了，不能展翅飞翔，只有等待死亡。

海洋资源保护区

近年来，一些沿海国家和地区相继建立起各种类型的海洋保护区，大致分为：海洋生态系统保护区、濒危珍稀物种保护区、自然历史遗迹保护区、特殊自然景观保护区以及海洋环境保护区等。

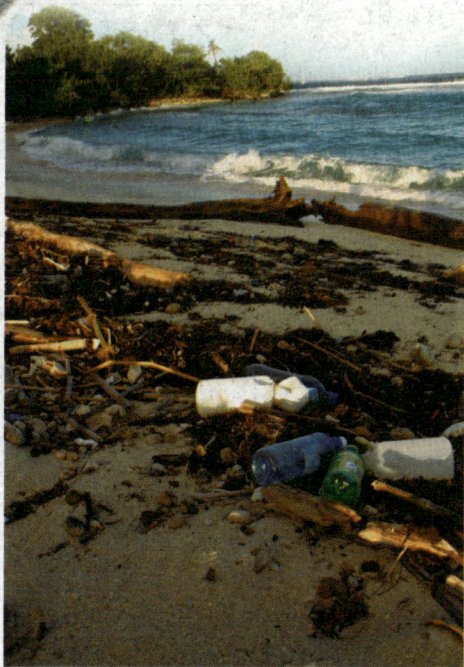

海滩上时常出现绵延数千米的塑料垃圾，每年至少有数百万只海洋动物因误食塑料而丧生。

图书在版编目（CIP）数据

浩瀚海洋百科 / 黄炜主编. —天津：天津科学技术
出版社，2012.3（2019.6重印）

（中国青少年百科全书）

ISBN 978-7-5308-6867-6

Ⅰ.①浩… Ⅱ.①黄… Ⅲ.①海洋—青年读物②海洋—少年读物 Ⅳ.①P7-49

中国版本图书馆CIP数据核字（2012）第047511号

浩瀚海洋百科
HAOHAN HAIYANG BAIKE

责任编辑：郑　新

出　　版：**天津出版传媒集团**
　　　　　　天津科学技术出版社

地　　址：天津市西康路35号

邮　　编：300051

电　　话：（022）23332674

网　　址：www.tjkjcbs.com.cn

发　　行：新华书店经销

印　　刷：三河市燕春印务有限公司

开本 700×1000mm 1/16　　印张 9　　字数 150 000

2019年 6月第 1 版第 3 次印刷

定价:29.80 元